なぜBBCだけが伝えられるのか

民意、戦争、王室からジャニーズまで

小林恭子

光文社新書

はじめに

「ハロー、ハロー、こちら2ＬＯ（ツーエルオー）です。こちら2ＬＯです」

１９２２年11月14日午後6時。オルガンの響きに続いて、チューブラーベルが6回鳴った。ロンドン・ウェストミンスター宮殿にある時計台「ビッグベン」の鐘の音をほうふつとさせる。続いてラジオから流れだしたのは、ＢＢＣの番組ディレクター、アーサー・バローズの声だった。２ＬＯとは、ロンドン・マルコーニ会館からの試験放送で、発信局の身元を識別するためのコールサイン（呼出符合）である。「放送の世紀」の幕が上がった。

２０２２年秋、英国の公共サービス放送ＢＢＣ（British Broadcasting Corporation＝英国放送協会）は、その前身となる民間企業時代から数えて開局１００周年の節目を迎えた。旧ＢＢＣの組織化は１９２２年10月18日だが、第一声はそれから1カ月ほど後である。

バローズは、天気予報とその日のニュースを速度を変えて2度読み上げると、リスナーに

「速く読むべきか、ゆっくりと読むべきか」聞かせてほしいと呼びかけた。「ゆっくり過ぎると、リスナーの理解が遅れるかもしれない。早すぎると、意味がつかめないかもしれない」と思ったからだ（『デイリー・メール』紙、１９２２年11月15日付）。「耳から入ってくるニュースに慣れるには、新しい感覚が必要だろう」。

番組の最後に、バローズはこう付け加えた。「この『放送』というものは、ずいぶんと楽しいものになりそうです」。放送当時は録音設備が整っておらず、台本も残っていないが、コメディ作家ポール・ケレンサがＢＢＣと歴史家の協力を得て再構成したポッドキャスト『放送の世紀』（２０２０年11月14日配信）によると、最後のコメントは台本になく、バローズがその場で漏らした言葉だそうだ。

初日の放送は1日に2回。しかも夕方のみの放送だったが、年を追うにつれて回数は増え、天気や時事ニュースばかりか、音楽、コメディ、ドラマなど番組内容を拡充させた。ラジオに耳を傾けることが英国民の日課となっていった。

ＢＢＣの開局１００周年を記念する特設サイトを開いてみると、「私たちのＢＢＣの１００年（100 Years of Our BBC）」というタイトルが目に入る。ＢＢＣについて考える上では、

「私たちの」が重要なポイントだ。

ＢＢＣは視聴世帯から徴収する放送受信料で国内の放送・配信サービスを賄《まかな》ってきた。視聴者がその活動を支える形をとるＢＢＣは「みんなのもの」である。政府が税金を使って運営する「国営」ではなく、「公共による・公共のためのサービス」だ。

ＢＢＣを含む英国の主要放送局は、民放も含めて「公共サービス放送（Public Service Broadcasting=PSB）」の枠組みに入っている。ＢＢＣのほかには民放のＩＴＶ、チャンネル4、チャンネル5、ウェールズ語放送のＳ４Ｃなどが含まれる。「商業的な利益を得ることを目的とするのではなく、公共のためにサービスを提供する事業体」として、番組内容に多様性を持たせる、他では視聴できない独自の番組を一定本数以上放送する、ニュース番組は不偏不党を維持する、などの遵守義務を課せられる。

ＢＢＣは当初から放送を公的サービスの一つとしてとらえてきた。ＢＢＣ経営執行部の初代トップ（ディレクター・ジェネラル）に就任するジョン・リースは、ＢＢＣの役割を「情報を与え、楽しませ、教育すること」と定義した。放送の黎明期を生きたリースやバローズたちは、新たなメディアの可能性に胸を膨らませ、そこに啓蒙的な役割があることを意識していた。「これほどの偉大な科学的発明を娯楽の追求だけに使ってしまっては、その能力を貶《おとし》め、国民の品性や知性への侮辱になる」と。

１９２２年に民間企業「英国放送会社（British Broadcasting Company）」として発足したＢＢＣは、その後１９２７年に公共組織化された。１９３６年にはテレビ放送を開始する。当初は多くの人にとって高価で手が出なかったテレビ受像機は、１９５３年、故エリザベス女王（１９２６―２０２２年）の戴冠式を機に飛ぶように売れていった。１９５５年、広告収入で運営される民放ＩＴＶが開局するまで、ＢＢＣは英国の放送市場を独占した。

国民とは切っても切れない関係を築いたＢＢＣは、海外向けのラジオ放送「ＢＢＣワールドサービス」で国外にもファンを広げていく。例えば、冷戦終結のきっかけを作った政治家として知られる、ソ連最後の最高指導者ミハイル・ゴルバチョフもその一人だ。１９９１年８月、休暇先のクリミア半島滞在中にモスクワで保守派のクーデターが発生し、反改革派に軟禁されたゴルバチョフは、地下室で発見したラジオでＢＢＣのロシア語放送を聞いて情勢を追った。クーデターがとん挫しモスクワに戻ったゴルバチョフは、ＢＢＣに感謝を表明したという。現在では、毎週約３億人が世界中で耳を傾ける。

１９９０年代半ばになるとインターネットが普及し始める。ＢＢＣはオンラインでもニュースを伝え、２００７年以降は無料の見逃し視聴オンデマンド・サービス「ＢＢＣアイプレイヤー」で積極的にコンテンツを配信し、２０１８年からはアイプレイヤーの音声版アプリに相当する「ＢＢＣサウンズ」を開始した。

メディアがラジオからテレビ、そしてインターネットへと姿を変えるなかで、ＢＢＣは常に「みんなのもの」であり続けてきた。英放送通信庁「オフコム」などの調べによると、英国に住む成人の90%が、毎週なんらかの形でＢＢＣのサービスを利用する。開局時にはたった4人だった職員数も、今や2万人を超えるまでに増えた。国民に愛され、王室とともに英国を代表する組織として抜群の知名度を誇るＢＢＣは、受信料制度に支えられながら編集の独立性を維持し、国内外のニュースを不偏不党の方針で報道してきた。

しかし今、ＢＢＣは大きな曲がり角にいる。

テクノロジーの発展で、「私たち」がメディアにアクセスする方法が変わりつつあるからだ。放送局が決めた予定に沿って番組が放送され、視聴者が放送と同時に視聴する「リニア型視聴」が大きく崩れ出した。オンデマンド・サービスを利用して、視聴者は好きな時間に、好きな番組を、好きなデバイスで楽しむ。

米国発祥の有料配信サービス「ネットフリックス」や「アマゾン・プライム・ビデオ」が

人気を博し、10代を中心とする若者たちは動画投稿サイト「ユーチューブ」や「ティックトック」をより好む。テレビ局によるコンテンツは素通りされる方向に向かっている。

先にＢＢＣは「みんなのもの」と書いたが、「全員が同じ番組を同じ時間帯に視聴する」習慣が廃《すた》っていけば、なぜＢＢＣの放送受信料を一律に払わなければならないのか、という問いがより正当性を帯びて聞こえてくる。

ＢＢＣを含め、公共放送は今後どうやって資金繰りをしていくべきなのだろうか。いや、そもそも公共放送自体がもう必要ないのだろうか。共通の事実認識を持たない社会は、ただ分断の道を進むだけにならないか。

ＢＢＣを生み出した「放送」という情報伝達技術も永遠のものではない。ＢＢＣの現経営陣を率いるティム・デイビーは、開局１００周年を迎えた２０２２年秋の演説で「いつかは放送サービスがなくなる日が来る」と述べた。ＢＢＣは、すべてのコンテンツがネットを通じて視聴者に提供される未来を見据えている。デイビーは、その日のためにＢＢＣは走り続け、「後追いするのではなく、先導役になりたい」という。放送の世紀とも呼ぶべき時代を主導してきたＢＢＣは、「ポスト放送」という新たな世界に足を踏み出している。

ＢＢＣの１００年をたどりながら、「放送」と「公共」のこれからを展望してみたい。

＊ＢＢＣの「TV licence fee（直訳＝テレビ免許料）」を、本稿では「放送受信料」と表記する。

はじめに 3

第1章 「放送の世紀」の幕開け ——英国民とBBC 21

それは「夢のまた夢」だった 22
はじまりは民間の無線機メーカー連合 23
ジョン・リース ——BBCの運命を決めた男 24
「みんなのBBC」までの道 27
分水嶺は英国史上初のゼネスト 29
国家から独立して報道するために 31
国民生活の中心に ——競馬・音楽・ガーデニング 33
ヴァージニア・ウルフもケインズも 34
国王、マイクの前へ 37
どうやって「映像」を送るのか 38
身内からの思いがけない疑問符 40
ロンドン万博の遺産 41

1922

テレビ放送は「格下」？　42
「テレビの生みの親」とＢＢＣとの別れ　43
「王冠を賭けた恋」の舞台裏　44
新国王を声で「見る」　47
リース、去る　49
ミュンヘン危機と戦争の足音　50
コラム①　放送界の2人の巨人――リースとベアード　52

第2章　「戦争の道具」としてのメディア――第二次大戦とＢＢＣ　55

避けられない大戦を見越して　56
放送でも勢いづくナチス　58
ＢＢＣが担った軍事的「極秘任務」　60
欧州全土に届く暗号　61

1939

困難な「ホワイト・プロパガンダ」 64
チャーチルは何を語ったのか 65
戦火に呑まれる放送施設 67
戦時下の工場労働に華を添えて 68
フランスを救ったド・ゴールの演説放送 70
「ピースサイン」はこうして生まれた 71
ドイツ側の通信を傍受せよ 73
録音機を積んだ爆撃機 74
戦勝記念日のロンドン 77
コラム②　階級社会の英語事情 80

第3章　「消費ブーム」にテレビは――戦後社会とＢＢＣ

85
戦後の始まり 86

国際放送の位置付け　87
エリザベス女王の戴冠式　88
ジャマイカに帰る船　——初の黒人プロデューサーの受難　92
チャーチル政権でライバル誕生　93
英国初のテレビ・コマーシャル　95
民放テレビ出現の余波　96
冷戦の時代へ　——ハンガリー動乱　97
もう一つの国際紛争　——スエズ危機　99
英国が二分された日　100
激変する英国社会　102
消費と風刺　——反体制の若者たち　103
「大いなる尋問者」　106
音楽番組と「テレビの時代」　107
第3のチャンネルは誰のもの？　109
海賊放送が生んだラジオ新時代　110
テレビを浄化せよ！　112

1945

イングランドの初優勝 ――1966年のワールドカップ 113
『戦争ゲーム』の余波 114
求めるべき「国益」とは何か？ 116
『モンティ・パイソン』のコメディ革命 117
コラム③ バラエティの笑いと差別 121

第4章 「不和と対立の時代」――サッチャー政権とBBC 125

「不満の冬」へ 126
編集と財源をめぐる攻防 128
子供たちを虐待から救え 132
ゴリラとの遭遇 ――本格的な自然科学番組の誕生 133
放送市場「独占」のゆくえ 135
火種となる北アイルランド問題 137

自由主義の大波 140
苦肉の紛争報道 142
「英国軍」か「わが軍」か 145
伝説のライブ・エイド 147
「おはよう」番組始まる 149
BBCが民営化されなかった理由 151
ミルン、登場 ——生え抜きのディレクター・ジェネラル 153
報道の自由はどこまで許されるか 155
サッチャー政権の「テロとの戦い」 157
国防機密と報道の自由 160
ミルン、突然の解任 163
BBCは「ビジネス」、視聴者は「株主」 165
遺体の数を数える ——湾岸戦争勃発 167
「余剰人員」を生んだ市場原理 169
公共サービスだけでも、商業活動だけでもなく 171
インターネットがやってきた 175

1970

第5章　「ＳＮＳ時代」のジャーナリズム　——デジタル革命とＢＢＣ

「どこにでもいる普通の男」の新しい時代　180
ダイクの大改革　182
情報提供者の自殺　——イラク戦争の勃発と誇張文書の波紋　184
ＢＢＣジャーナリズムの「欠陥」　187
変わらざるをえないメディア　190
ユーザー参加型ニュースの黎明期　193
いつでも、どこでも、何を使っても　196
払った受信料のゆくえは　198
「民業圧迫メディア」との誹り　201
ロンドン五輪とデジタルの威力　202
「ジミー・サヴィルの別の顔」——慈善活動に隠された性加害　205
明るみに出る失態　209
受信料を払う人、払わなくていい人　211

経費削減のしわ寄せ　214
ＥＵ離脱をめぐる「不偏不党」　216
公共放送にも求められる「対費用効果」　218
首相よりも高い報酬をもらったのは誰か　220
男女の賃金格差に抗議の辞任　222
「50：50」プロジェクト　224
若者のＢＢＣ離れ　227
コロナ禍ならではのドラマ　228
司会者の主観は許されるか　230
「人種差別主義については、ＢＢＣは不偏不党ではない」　232
必要とされなければ、存在する権利はない　235
減り続ける収入を補填するには？　238
「ツイッターができない記者はいらない」　240
ゴールドマン・サックス出身の新理事長　243
ウクライナ侵攻での使命　245
受信料制度の危機　246

2000

女王の死、そして100周年　249

第6章　「国民と王室の絆」――ダイアナ元妃、エリザベス女王とBBC　253

王室との付き合いも100年　254
微妙な距離感――「王室の神秘性」を前にメディアは　256
「BBCは王室に甘すぎる」　259
「プレイボーイ王子」のスキャンダル　260
王子は「汗をかいた」のか?　263
「私たちの結婚生活は、ちょっと混みあっていましたね」　265
大スクープの論理　266
誰が何を、どこまで知っていたのか　269
追悼特番への苦情　271

コラム④　BBCとNHK 275

どちらも「国営放送」ではない 275

「表現の自由」と「編集権の独立」を守るには 277

政治家とメディアの距離 281

「視聴者の代表」としてのジャーナリスト 283

第7章　「ポスト放送の世紀」へ――ジャニーズと戦争とBBC 289

2023

首相と理事長の縁故採用疑惑 290

私人としての司会者、公人としての司会者 292

「現在進行形の犯罪」――英国からのジャニーズ告発 297

偽情報を「検証する」――ロシアとウクライナのはざまで 300

性加害、またしても? 302

「著名人だから」という免罪符 304

ハマスは「テロリスト」なのか 306
受信料とサブスクリプションのこれから 310
多様性時代の新理事長 312
ＢＢＣが伝えてきたこと 313
公共の未来 315
放送の未来 317
公共放送だからこそできること 319

おわりに 323
ＢＢＣの基本情報 328
主な参考文献 334

第 1 章

「放送の世紀」の幕開け

英国民とBBC

1922 − 1939

それは「夢のまた夢」だった

テレビやラジオのスイッチを押せば、音や映像が流れだす。スマートフォンだったら、画面をタップするだけで良い。現在の私たちにとっては日常的な光景だが、約１００年前に放送業が生まれつつあったころ、音や映像が繰り出される機械の存在は夢のまた夢でしかなかった。

テレビより先に生まれたラジオは、英国では当初「ワイヤレス（wireless）」と呼ばれていた。電線（wire）を媒介せず、電波を利用する「無線通信（wireless communication）」の略である。ワイヤレスの普及に向けて英国で先鞭をつけたのが、イタリア・ボローニャ出身の発明家・起業家、グリエルモ・マルコーニ（１８７４―１９３７年）だ。

マルコーニは富裕な実業家の家庭に生まれ、実験を重ねて１８９５年までに自宅近辺での無線通信を実現させた。史上初の、実用的な無線電信機の誕生である。この発明を携えて投資家を探したがイタリアではうまくいかず、１８９６年、21歳でロンドンに渡った。翌１８９７年に英国で無線電信機の特許を取得し、自身の名を冠したマルコーニ無線電信会社を創業する。１８９９年には英仏ドーバー海峡横断の無線通信に成功。ほどなく英海軍やロイズ保険組合など名だたる組織に採用され、事故や遭難船の救援に使われるようになった。１９

12年4月15日未明、処女航海で沈没したタイタニック号にもマルコーニの通信システムが装備されており、SOSの無線電信は乗客およそ700人の生還に寄与した。

画期的な通信装置であるラジオは、第一次世界大戦では軍用に利用された。1918年に大戦が終結すると、無線の知識を持つ元軍人らが英国に戻り、アマチュア無線家として物置や屋根裏、自宅の地下に自らラジオを作って通信を試みるようになった。マルコーニ社を含むラジオのメーカーは、郵政省による認可のもと実験放送の免許を得た。

はじまりは民間の無線機メーカー連合

英国での放送業が一つの組織体による「公共サービス」として確立されるまでには、政府側及び企業側からの度重なる議論と歩み寄りがあった。

大戦後の1920年代初頭までに、郵政省の下には実験放送の認可を求める申請書が無線機メーカーなどから続々と届くようになった。混信を防ぐ必要から、そしてまた国防上の懸念からも、政府は放送業を中央からの統制によって行うことを志向するようになる。世界に先駆けてラジオ放送を開始した米国を視察後、そこで「放送局の乱立による『混乱』が生じている」と見た政府は、米国と同じ轍を踏まぬよう、無線機メーカー側に単一の組織としてまとまるよう求めた。

１９２２年10月18日、民間企業連合「英国放送会社（British Broadcasting Company=BBC)」が組織化された。この日開催の初総会には、２００社を超える無線機メーカーや関連企業の代表者が出席した。会場はロンドンの中心部、テームズ川沿いのサヴォイ・ヒルにある電気技師学会（現在の工学技術研究所）の建物である。ここには後にＢＢＣのスタジオが置かれることになる。

放送は同年11月14日に始まるが、郵政長官から放送免許が付与されたのは翌１９２３年１月18日。当初は2年間の期限付きで、収入源はＢＢＣ製ラジオの販売代金に加え、リスナーが郵政省に払う「放送受信料」を国庫と折半した。後者はＢＢＣ製ラジオの特許権使用料という位置付けである。受信料は年間で10シリング（50ペンス）。現在の約38ポンド（約７２２0円〈1ポンド＝１９０円で計算、以下同〉）に相当する額で、その収集は郵政省が行った。番組内での広告は禁止され、国内資本を保護するために外国資本の参加も当初は禁止された。

ジョン・リース――ＢＢＣの運命を決めた男

ＢＢＣが組織化される数日前の１９２２年10月13日。ロンドンの日刊紙に掲載されたある求人広告が、スコットランド出身の元エンジニア、ジョン・リース（１８８９―１９７１年）の目に留まった（図1）。

のちにＢＢＣの原型、ひいては英国放送業の形成に計り知れないほどの影響を及ぼすリースは、当時33歳。牧師を父にもち、キリスト教の慈善の精神と世の中をより良くするべきという考えを持つ両親の下で育った。第一次大戦初期に陸軍工兵隊に配置され、ドイツ軍と英仏連合軍が対峙した西部戦線の戦いに参加する。１９１５年秋、敵の狙撃兵から攻撃を受け、ロンドンの病院に運ばれた。命は助かったものの、左の頬に刻まれた深い傷跡は一生残り、長身で眼光鋭い風貌とともにリースのトレードマークになった。

図1：BBCの初代ディレクター・ジェネラルとなったジョン・リース（1889－1971年）©BBC

リースがこれから設立されるという英国放送会社の求人広告に遭遇したのは、ちょうど戦後のキャリアをどうするべきか悩んでいた時期だった。「放送については全く知識がなかった」が、「第１級の資格を持つ人物を求む」と書かれたゼネラル・マネージャー職に応募する。12月中旬に面接まで進み、その翌日にはＢＢＣ理事長から雇用のオファーを受けた。正式に職を引き受ける前にＢＢＣの同僚たちと会ってみたものの、それでも「何をやるのかよくわからなかった」。スコットランドの自宅に戻って旧友から放送がどんなものかを説明され、やっと「偉大な仕事」と認識したという。「神の啓示」としてその後の年月を放送業の発展に捧げるリースだが、初めてオフィスに入った時はまだ漠とした不安もあったようだ。

　１９２２年12月30日土曜日、朝９時。正式な勤務は翌週からだったが、リースは一人でロンドンのマグネットハウスに出かけてみた。ゼネラル・エレクトリック社の新築ビルで、ＢＢＣはこの一部を間借りしていた。エレベーターに乗って、「ＢＢＣ」と行き先を伝えた。「誰もいないですよ。月曜日にならないと誰も来ません」と操作員に言われた。ＢＢＣのオフィスがあるフロアに到着すると、操作員は「ＢＢＣ」と名札が付いたドアまでリースを案内し、ドアを開けてくれた。中に入ったリースは、ドアが閉まった瞬間、引き返して外に出たい思いに駆られた。しかし、エレベーターの扉が閉まる音がしたので、「もう遅すぎる」とあきらめた。

リースの仕事は多岐にわたった。「好きなようにやってくれ」とＢＢＣ理事会から言われ、職員の人事管理や番組放送にかかわる諸雑務、郵政省やＢＢＣを「ニュース報道のライバル」と見なす新聞界との交渉などに忙殺された。オフィスに置かれた６台の電話は鳴りっぱなしとなった。

ロンドンでの番組制作は当初、マルコーニ社の本社・マルコーニ会館の一室を使った。グランドピアノ、長椅子、通常の椅子２、３脚、小さな事務机と４台のマイクがあった。連日のように出演希望のアーティストがやってきて、音楽監督は対応に追われた。オーディション用の別室がないため、部屋の隅に数人を並ばせながら、人選や制作準備、事務処理をさばいていった。１９２３年春、ＢＢＣは初総会を開いたサヴォイ・ヒルに拠点を移動し、職員数も放送番組も拡充させていった。

「みんなのＢＢＣ」までの道

一旦ＢＢＣの放送が始まってしまうと、「ワイヤレス」を聞きたい人の需要は一気に拡大した。リースはリスナーを増やすため、新聞に番組紹介のスペースを無料で作ってもらったが、これが新聞界の反発を招いた。業界組織「新聞所有者協会」はラジオの出現に脅威を抱き、番組表の掲載は広告と同じように有料であるべき、と主張した。「ＢＢＣは営利企業なのだから」。その後、掲載した新聞の発行部数が大幅に増えたため、協会は譲歩の姿勢を見せるようになったものの、ＢＢＣの番組表が歓迎されているとは言えなかった。

「自前で印刷物を発行したらどうか」。一連のやりとりを経たリースの頭に、そんなアイデアがひらめいた。そこでリースは、１９２３年9月28日、雑誌出版社ジョージ・ニューンズ社から週刊『ラジオ・タイムズ』を創刊させた。創刊号の25万部はあっという間に売り切れ、25年末までに80万部、28年末までには１００万部の大台を超えて、ＢＢＣの財政を潤した。当時、これほど急激に発行部数を伸ばした雑誌は珍しい。

民間組織として放送を始めたＢＢＣが公共組織に衣替えする道を作ったのは、１９２５年7月に設置された放送調査委員会（委員長クロフォード伯にちなみ、通称「クロフォード委員会」）である。リースは委員会のメンバーにこそならなかったが、証言者の一人としてＢＢＣの現状と今後について意見を述べている。ＢＢＣによる放送業独占の是非、政府の干渉への対応策、財源の確保などが論題となり、議論は白熱した。

同年11月に開始された委員会の調査に提出された文書の中で、時の郵政大臣エブリン・マレーはこう書いた。「ＢＢＣは大いなる独立性を享受するべきで、一般的な方針においても番組の選択においても、郵政長官の細かな統制や監督下にあるべきではないと考える」。この認識に委員会も同意し、１９２６年３月、委員会は英国の放送業は「継続して単一の組織が独占するべき」と結論付けた。

政府はこの結論を受け入れ、ＢＢＣは君主の名の下で発行される「王立憲章」に基づいて設立され、郵政省が付与する「免許（ライセンス）」によって運営されることになった。ＢＢＣは１９２７年の年次報告書の中で、これで「ＢＢＣは政府の省庁ではないことが明確になった」と記している。

１９２７年1月1日、ＢＢＣは「英国放送協会（British Broadcasting Corporation）」として生まれ変わった。免許期間は10年間。その後はほぼ10年ごとに更新される。リースは初代ディレクター・ジェネラルに就任した。ＢＢＣのディレクター・ジェネラルとは、経営陣トップを意味するとともにアウトプット全体の編集責任者である。リースは同年、ナイトの爵位を得た。

分水嶺は英国史上初のゼネスト

ＢＢＣが公共組織として出発する直前、権力から独立した報道機関としての存在を国民に強く印象付ける事件が発生した。１９２６年春に起きた英国史上初のゼネストである。

　ゼネスト発生のきっかけは石炭業界の労働争議だった。石炭業は第一次大戦中に国有化された後、１９２１年に民間資本に戻されたが、国際競争にさらされて不況に陥った。スト前年の１９２５年４月からは、英国が大戦前のレートに基づいた金本位体制を採用し、自国の通貨を過大評価したためにポンド高となった。これで衰退の道をたどっていた繊維、機械、石炭などの伝統的な輸出産業がさらに大きな打撃を受けた。

　６月末、窮状を乗り切るため、炭鉱資本家は労働者賃金の大幅切り下げと労働時間の延長を提示したが、すでに低賃金と過酷な労働環境で働いてきた人々にとって、受け入れがたい条件だった。炭鉱労働者連盟は、英国の主要労組の連合組織「労働組合会議（Trade Union Congress=TUC）」の支援を仰いだ。

　ゼネストによる経済活動の麻痺を危惧した保守党政権は、調停役として懐柔策に乗り出す。資本家側には賃金の大幅切り下げなどの取り消しを条件とし、翌年４月までの９カ月間は石炭業界に政府の補助金を支給すると決めると同時に、石炭業界を調査する委員会を発足させた。

　翌１９２６年３月に出た委員会の報告書は、炭鉱労組側からすると期待を裏切るものだった。念願の再国有化は否定され、補助金も打ち切り。賃金切り下げなどによる合理化が推奨されていたからだ。不満が募る労働者たちに対応するため、政府と炭鉱資本家、ＴＵＣの三者が話し合いを始めたが、合意に至らないまま政府補助金の支払い最終日である４月30日が到来した。炭鉱資本家たちは、この日までに労働者が新たな契約条件を受け入れない場合、職場への出入りを禁止すると宣言していた。５月１日午後12時、１００万人を超える炭鉱労働者らが職場から締めだされた。

２日夜、事態打開に向けた三者の交渉が続く中、保守系日刊紙『デイリー・メール』の印刷工たちは、ゼネストを非難する論説記事の印刷を拒否する。これを機に政府は交渉を打ち切り、ＴＵＣはスト決行を宣言した。

国家から独立して報道するために

ＢＢＣの動きは速かった。３日午前1時、政府筋からスト決行が近いという情報を得たリースは、早くも10分後にはウェストミンスターにある自宅のマイクから第一報を伝えた。

４日から本格的に始まったゼネストには、鉄道、バス、港湾施設、建設業や印刷業などで働く労働者約２００万人が参加したと言われている。以前から臨時報道体制の準備を進めていたＢＢＣは、午前10時、午後1時、4時、7時、9時半の定時ニュースを通じて刻々と状況を伝えていった。ほとんどの新聞が臨時休刊し、公共交通機関も壊滅状態となる中、従来は「夕方以降」「既報の記事を読み上げる」などとされていたＢＢＣニュースの報道規制はなし崩しとなった。

政府は公共組織化前のＢＢＣを非常事態体制の下で国の管理下に置くこともできたが、保守党のスタンリー・ボールドウィン首相と親しいリースは、「私たちを信頼してほしい」「政府とは独立した報道を行うＢＢＣは仲介役になれる」と首相に訴えた。政権内ではこれを受け入れる閣僚がほとんどだったが、国家による管理を強く主張する者もいた。後の首相、ウインストン・チャーチル財務相だ。

結局、ボールドウィンはチャーチルの意見を聞き入れなかったものの、官製新聞『ブリティッシュ・ガゼット』の発行を命じ、政府側の見解を伝えるようにした。他方のＴＵＣ側も、ストの間、労働者側の視点を報じる『ブリティッシュ・ワーカー』を発行した。

ＴＵＣは声明文で「ＢＢＣは政府側だ。放送を聞く必要はない」と主張したが、一旦ストが始まると誰もがＢＢＣに耳を傾けた。ラジオを持っていない人はラジオがある電気店に集まってニュースを聞き、新聞社のビルに貼られた放送内容の書き起こしを読んだ。

５月12日、前日に高等法院がゼネストは違法とする判断を出し、労組内でもスト続行への求心力が弱まる中、ＴＵＣはスト終了を発表した。終了のニュースを真っ先に伝えたのもリースだった。

国民生活の中心に——競馬・音楽・ガーデニング

ＢＢＣはストライキ当事者双方の主張を報道し、信頼できるニュースとして国民に頼りにされた。しかし、ストを拡大させないという政府の方針に縛られ、労働党指導部や労組幹部の出演を承諾できなかった。編集権を放棄せざるを得ない事態を回避するために努力をしたリースだが、労働党関係者からの批判は免れなかった。

ＢＢＣ公認でその歴史を綴っているジーン・シートンは、「この時ＢＢＣは政府の干渉を未然に防ぐために自己検閲する道を学んだ」という（『責任なき権力——英国の新聞、放送、インターネット』）。第二次大戦に向かっていく１９３０年代、ＢＢＣは「政府の決定を、あたかも自分たち自身の決断として伝えることを余儀なくされるパターンを繰り返した」。

一方、５巻にわたる『英国放送業の歴史』を執筆した歴史家エイザ・ブリッグスは、ＢＢＣはスト報道を通して「放送業が取るに足らないものではないことを示した」と書いた（同書第1巻)。ＢＢＣは「良くも悪くも、大きな可能性を持つ、国民生活の中の力となった」。

１９２７年1月に公共組織となったＢＢＣは、世界中のニュースや情報を取材して放送する自由を得た。定時ニュースの回数は増え、国民的競馬競技の「ダービー・ステークス」、オックスフォード大学とケンブリッジ大学のボート・レースなどのハイライトを放送した。しかし、論争を呼ぶようなトピックの放送禁止は解かれないままで、「政治・産業・宗教上の論争にかかわる事象」を自由に放送できるようになるには、１９２８年3月を待たねばならなかった。

新生ＢＢＣの番組内容は年を追うごとに多彩になった。子供向け番組『チルドレンズ・アワー』(１９２２年)や、幅広いリスナー層に向けた音楽番組『プロムナード・コンサート』(１９２７年)が始まり、ＢＢＣダンスオーケストラ(１９２８年)やＢＢＣ交響楽団(１９３０年)が結成された。加えてガーデニング番組(１９３１年)もこの頃の人気番組である。

ヴァージニア・ウルフもケインズも

ＢＢＣ初の「トーク部門のディレクター」となったヒルダ・マセソンは、今では定番のトーク番組を質の高いジャンルとして確立させた人物だ。当時、女性としては最も高い地位の職である。

英国では、１９２８年の選挙法改正で、21歳以上の女性に初めて男性と同様の普通選挙権が認められた。マセソンは、これを受けて翌29年の総選挙で初当選したレディー・アスター（ナンシー・アスター）の政治秘書として働いていたところ、リースにスカウトされてＢＢＣに入った。上流階級や知識層に独自のネットワークを持ち、作家のＨ・Ｇ・ウェルズやヴァージニア・ウルフ、劇作家ジョージ・バーナード・ショー、経済学者ジョン・メイナード・ケインズなどをマイクの前に座らせた。本番前の緊張を解くため、出演者にウィスキーのソーダ割りを勧める場合もあったという。

当時、ＢＢＣの女性職員はそのほとんどが事務のサポートスタッフで、編集幹部となったマセソンは例外だった。

ＢＢＣの活動が本格化すると、サヴォイ・ヒルのオフィスは手狭になった。地下鉄オックスフォードサーカス駅を出てオールソウルズ教会をめがけて進むと、左手にアールデコ調の豪華客船を思わせる建物「ブロードキャスティング・ハウス」が姿を現す（図２）。１９３２年５月から、ここがオフィスも兼ねたＢＢＣの放送専用施設となった。当時受付が置かれ

図２：1932 年以来 BBC の放送用施設兼本社となったブロードキャスティング・ハウス（写真は旧館）。右手奥の東ウィングに現在の受付が置かれている（著者撮影）

ていた空間のアーチ型天井には「芸術とミューズの殿堂」と書かれていた。ミューズはギリシャ神話の詩と音楽の女神を指す。ＢＢＣの創成期、ラジオが目指していたものを示すと言われている。

　その後何度か改修や増築が施され、２０１３年、現在の「新ブロードキャスティング・ハウス」が正式に開館する。受付は正面から向かって右側奥に置かれている。その手前には大きな広場が設けられ、ＢＢＣの職員や訪問者が行き来する。夜になると、上階の数階に青いイルミネーションが灯り、独特の雰囲気を醸している。

国王、マイクの前へ

ＢＢＣにとっての１９３２年は、オフィスの移転以外でも画期的な年となった。

同年12月、リースは過去4年間温めてきた念願の一つを形にする。「常時ニュースを流す海外放送の実現」だ。前年の１９３１年までに通信社や新聞界との調整を終え、１９３２年12月19日の「エンパイアー・サービス」の放送初日には、リース自身がスタジオに入った。午前9時半の番組に出演したリースは、ラジオには人々の生活において「ほぼ計測不可能なほどの重要性がある」と述べた。番組は大英帝国内の各地域に次々と流れていった。

国王のラジオ出演もリースの願いの一つだった。当初、ジョージ5世は乗り気ではなかったが、ラムジー・マクドナルド首相の説得もあって出演に同意した。１９３２年12月25日午後3時、特別番組『オール・オーバー・ザ・ワールド』が始まった。この時間となったのは、大英帝国の最も多くの人が聞きやすい時間帯だったからだ。ラジオを経由して、カナダ、ニュージーランド、オーストラリア、南アフリカ、ジブラルタルから、英国内に住む家族や親戚へのメッセージが贈られてきた。

ノーフォーク州にある別邸サンドリンガム・ハウスでマイクに向かった国王は、番組の最後に、「近代科学の驚異の一つのおかげで、このクリスマスの日に大英帝国内のすべてのわが臣民に話しかけることができます」と述べた。国王の言葉が国民一人ひとりの耳に親密さとパーソナルな響きで伝わっていった。

この時から、君主によるクリスマス・メッセージの放送は英国の定番となった。１９５７年にラジオからテレビへと移動した後も、民放ＩＴＶが初めて担当する１９９７年まではＢＢＣが独占的に放送した。

どうやって「映像」を送るのか

ラジオの誕生と前後して、もう一つの「放送」も始まりを告げようとしていた。音ではなく、映像を送ることはできないのだろうか？　世界中の科学者、発明家がその答えを見つけるために奮闘を重ねる中、英国でテレビ放送の発展に大きく貢献するのがスコットランド出身の電気技師ジョン・ロジー・ベアード（１８８８―１９４６年）である（図３）。

ベアードは根っからの発明家だった。子供のころから電気を使った実験で遊ぶようになり、専門学校を経てグラスゴー大学で電気学とエンジニアリングを専攻した。しかし、第１次大戦の勃発で勉学を中断せざるを得なくなる。陸軍に志願したが、病弱のため兵役検査に通らず電力会社で働いた。「テレバイザー」と名付けたテレビの開発に集中する前はいくつものビジネス・ベンチャーを手掛けた。

ベアードによるテレビは、ドイツの発明家ポール・ニプコーによる高速ディスク方式（らせん状に穴が開いた円板を使って映像を走査する仕組み）の応用だ。送信機と受信機に穴が開いたディスク（ニプコー円板）を取り付けて高速回転させ、その穴に光を通して映像を送る「機械走査方式」である。１９２５年10月２日、ロンドン中心部の繁華街ソーホーに置いた実験室で、ベアードはダミーとして使っていた腹話術の人形の頭部の映像をこれまでにないほど鮮明に送受信することに成功した。

図３：史上初めて、動く物体をテレビで送受信することに成功した発明家ジョン・ロジー・ベアード（1888－1946年）©Universal Images Group via Getty images

翌年１月26日、ベアードは英王立研究所のメンバーを前に世界で初めてテレビの公開デモを実演した。８月、テレバイザーの最初の広告が出た。まだ放送する番組はなかったが、新たな市場が開花しようとしていた。

身内からの思いがけない疑問符

ＢＢＣのリースは、テレビ放送が「いつかは現実になる」と想定してはいたものの、ベアード式テレビではまだ放送に適さないと見て、当初は乗り気ではなかった。しかし、郵政省から協力を呼びかけられたこともあって腰を上げ、ベアードに実験放送の機会を与えた。

最初の実験放送は１９２９年9月30日である。テレビ放送には映像用に１台、音響用に１台の送信機が必要だった。しかし当時、ＢＢＣがもつ放送用送信機は1台のみだったため、初期の実験放送では最初の２分に映像が流れ、次の２分で対応する音が出るという交互の放送となった。２台の送信機が揃うのは約半年後、１９３０年３月。やっと映像と音が同時に流れ出した。

１９３２年8月には、週に4日、１日１時間の定期的なテレビ放送が始まる。しかし２年も経たない１９３４年３月、突然中止になってしまう。ラジオのリスナー世帯が５５０万戸を超え、右肩上がりの増加が見込まれる中、高価なテレビを買う余裕があるごく少数の視聴者のための投資を続けることに、ＢＢＣ内部で疑問符が付いたためだった。加えて、当時のベアード式テレビで視聴できる画面は郵便はがき程度の大きさであった。画面には常に雨が降っているように見えたこともあり、質の高い放送とは言えなかった。

一方、テレビ放送の可能性を探る必要があると考えた政府は、同年5月、委員会を立ち上げて調査させた。１９３５年１月に委員会が発表した報告書は、ＢＢＣに対し、国内資本の重視という観点からベアード式テレビの採用を勧めたが、同時に米国資本の親会社を持つマルコーニＥＭＩ社による電子式テレビも使うように提言した。後者は光学像を電気的に信号に変換することができ、より繊細な画像の送受信が可能だった。

ロンドン万博の遺産

テレビ番組の制作拠点をどこに置くべきか？　改めてテレビ放送に取り組むことになったＢＢＣは、最終的にロンドン北部マスウェル・ヒルに建つアレクサンドラ・パレスを選んだ。パレスは万国博覧会（１８５１年）の解体資材を使って建設され、１８７３年、首都に住む労働者層の教育と娯楽のために「国民の宮殿」としてオープン。様々な娯楽イベントで訪問客を楽しませた。しかし１９３５年、ＢＢＣのエンジニアが下見に訪れた頃にはすっかりその面影は消え、第一次大戦中に捕虜収容所として使われた時のガラクタが散在していた。

それでも、パレスには優位性があった。放送を安定させるには送信アンテナを海上１８０メートルの高さにする必要があったが、パレスはすでに海上90メートルの位置に建っていたからだ。つまり、ＢＢＣは送信塔の高さを90メートルにするだけで良かった。のちに「アリー・パリー」と、「アレクサンドラ」「パレス」を崩した愛称がつく建物の東棟には、映像調整室、舞台装置室、控室、事務所、食堂の他に、マルコーニ用のスタジオＡとベアード用のスタジオＢがそれぞれ用意された。

テレビ放送は「格下」？

ＢＢＣのテレビ放送が本格的に始まったのは、１９３６年11月２日である。当時、テレビ受像機のほとんどがロンドンとその周辺地域に置かれており、その数は４００台ほどであった。番組の前に開催された記念式典には、郵政長官、ＢＢＣの理事長、ベアード社の幹部とマルコーニ社の会長が出席して演説した。しかし、なぜかベアード本人は招待されなかった。

午後３時半、いよいよ番組が始まった。番組全体の録画は残されていないが、ＢＢＣ職員が制作の様子を撮影していたフィルムから、おおよその内容が窺える。ＢＢＣテレビジョン交響楽団が演奏を始めると、当時のミュージカルスター、アデル・ディクソンが登場して「マジック・レイズ・オブ・ライト（魔法のような光線）」を歌い出す。米国からやってきたダンサーたちの踊り、皿回しの曲芸が披露された後、番組は30分で午後４時に終了した。次の番組は5時間後だった。

ＢＢＣテレビのディレクターによると、間隔を空けたのは見る者の「目を疲れさせないため」だった。夕食や子供の就寝前など、バタバタする時間はあえて避けた。視聴者の生活を邪魔しないよう配慮がなされたのだった。

午後9時の放送は30分のバラエティ番組『ピクチャー・ページ』で始まり、ニュース映画『ブリティッシュ・ムービートーン・ニュース』で終了。ＢＢＣにはまだテレビ用のニュースチームがなかったので、出来合いのニュース映画を借りるしかなかった。

当時のラジオ番組の制作者や経営陣には、テレビ放送を低い存在として見る傾向があったが、テレビ担当プロデューサーの志は高かった。英国バレエ界の発展に大きく貢献するポーランド出身の舞踊家マリー・ランバート率いるバレエ団を招いて、カメラの前で踊らせたりもした。放送開始から3年間で３８６の芝居を放送し、１９３８年からは毎週日曜日に必ず演劇を取り上げた。ロンドンの劇場街ウェストエンドからの中継も頻繁にあった。

「テレビの生みの親」とBBCとの別れ

ベアード社による機械走査方式と、マルコーニ社による電子式。本格的にテレビ放送が始まってみると、どちらの方式が良いのかは歴然だった。

マルコーニ式のカメラは機能が安定しており、出演者は特別なメークをしなくてもよかった。ベアード式だと出演者は強い照明をあてられ、分厚いドーランを塗らなければならない。また、放送するためには追加のプロセスも必要だった。各場面をまずフィルムに捉え、その映像を読み取ってから送信する。作業自体は90秒で終了するが、放送までに間が空くのは事実だった。テレビ放送開始から3カ月後の1937年2月、BBCはベアード式の運用を停止した。

BBCが最終的に選んだのはベアード式ではなかったが、テレビの可能性を誰よりも強く信じ、テレビがどういうものかを最初に世界に示したベアードは「テレビの生みの親」と言っても良いだろう。今やテレビは世界中に広く普及し、どこにでもある存在となった。フィルム映像をテレビの信号に変換する技術「テレシネ」はベアードが開発した技術を基にしたもので、発明以来数十年にわたって使われ続けた。

「王冠を賭けた恋」の舞台裏

「こちらロンドンです。大きな悲しみとともに発表いたします。午前0時少し前に、国王陛下が安らかにお亡くなりになりました。国民が愛した国王は私たちから去ってしまいました。大英帝国のすべての人々の悲しみをここに表明いたします」

１９３６年1月21日、時計が深夜0時を回ったばかりのころ、ＢＢＣのディレクター・ジェネラル、リースが国王ジョージ５世の死を伝えた。死亡時刻は前日午後11時55分。享年70。崩御と同日の1月20日に王位を継いだ長男エドワード8世は、即位から1年も経たないうちに、英国にとって前代未聞の生前退位に至る。しかもＢＢＣのマイクを通して、自分の声で退位を伝えることになった。後に「王冠を賭けた恋」と呼ばれるようになる事件である。

エドワードにとって退位は苦渋の選択だった。１９３０年代前半から熱愛関係となった米国人女性ベッシー・ウォリス・ウォーフィールドは過去に一度離婚歴があり、１９３６年秋まで婚姻関係にあった船舶会社社長の姓から「シンプソン夫人」と呼ばれていた。

エドワードはウォリスとの結婚を強く望んだが、保守系メディアは離婚歴のある女性との結婚には一斉に反対した。英国の君主は英国教会の首長にもなるが、離婚経験者で元のパートナーが生存する場合、英国教会はその相手との結婚を認めなかった（この慣習は世紀をまたいで２００２年まで継続）。また、海外自治領でも反対意見が大勢を占めた。

国王はボールドウィン首相との度重なる話し合いの中で、ＢＢＣを通じて国民に直接自分の思いを語りたいと言ってみた。首相は、内閣の了承なしにはできないとこれを拒否。打開の道を失った国王は、愛する女性との生活をあきらめるよりも退位を選択した。12月10日、退位証書に署名し、翌11日、退位が実現した。

その12月11日午後9時、リースとＢＢＣの一行はウィンザー城内の君主居住エリアに入った。数ある居室のうちの一つ、その中央のテーブルの上にラジオ放送用のマイクが置かれた。

午後10時。「こちらウィンザー城です。エドワード王子殿下がお話しなさいます」。リースはマイクに向かってこう言った。退位を経てすでに君主ではなくなっていたので、「エドワード王子」という名称が使われた。立ち上がったリースが椅子の左脇に移ると、右側に控えていたエドワードが椅子に座る。この時、王子の脚がテーブルにぶつかり、「ゴツン」という音が響いた。少し間を置いて、エドワードが話し出す。「とうとう、自分の声で話すことができるようになりました。私は隠すようなことは何もありませんでしたが、今日まで、憲法上、直接語り掛けることができなかったのです」。

エドワードは国民に退位したことを報告し、その理由として「私が愛する女性の助けがなければ、自分が望むように重責を担い、国王としての義務を果たすことが不可能になったのです」と説明した。これまでにないほど個人の思いを吐露した元国王の演説に、リスナーの多くが涙を流しながら聞いたという。英国では１０００万人、世界中では1億５０００万人が耳を傾けた。

新国王を声で「見る」

エドワードが退位すると同時に、弟のヨーク公がジョージ6世として即位した。チャールズ現国王の祖父にあたる。

１９３７年5月12日。新たな時代の到来を、国内唯一の放送局として英国民ばかりか世界の隅々にまで伝える大きな機会がＢＢＣに訪れた。新国王の戴冠式である。英国教会の最高指導者カンタベリー大主教がロンドン・ウェストミンスター寺院で式を執り行う。国王夫妻は金色の馬車「ゴールド・ステート・コーチ」に乗ってバッキンガム宮殿からウェストミンスター寺院にやってくることになっていた。

往復の道筋には多くの人が立ち並んだ。ＢＢＣは行進ルートの複数地点に解説者を配置し、午前10時15分に放送を開始。ジョージ6世と妻エリザベス王妃（エリザベス2世の母親）が馬車に乗り込む様子、馬車が通り過ぎる音、寺院前に集まった人々の声などを次々と伝えた。ステート・コーチが戦没者慰霊碑の横を通ってパーラメント・スクエア（国会広場）に向かうと、ビッグベンの鐘の音や立ち並んだ国民の歓声が大きく聞こえた。ラジオに耳をそばだてた国民はその場に立ち会うことはできなくても、心の中で情景を「見る」ことができた。

戴冠式はＢＢＣのテレビ放送にとっても、国王夫妻をカメラに収める特別な日となった。ロンドンの中心部に12キロにわたる放送用ケーブルを敷き、10トン近い機材を積んだワゴン車を移動放送室として初めて使用した。大通りが交わるハイドパーク・コーナーに拠点を置き、夫妻を乗せた馬車がバッキンガム宮殿に戻る様子にカメラを向けた。しかし、当時の放送責任者によると、宮殿につながる一本道に馬車が入る直前、放送機材が動かなくなった。そこでエンジニアが「拳骨で思い切り、機材を叩いた」ところ元に戻り、通り過ぎる馬車の中でかすかに微笑む国王の顔を捉えることができた。

　この日の締めは、新国王ジョージ6世のラジオ演説だった。「今晩、心を込めて皆様にお話しいたします。戴冠されたばかりの国王が当日、家庭にいるすべての国民に話しかけることができた例はこれまでにありません」。そして、「女王と私はこの日のインスピレーションをいつまでも忘れないでしょう」「心から感謝いたします（I thank you from my heart）。神のご加護がありますように」。

「あなた（you）」に、「心から（from my heart）感謝する」。その言葉はリスナー一人ひとりの心に直接響いていった。ラジオは王室と国民をしっかりとつなぐ媒体となった。

戴冠式の翌１９３８年1月３日、ＢＢＣ初の外国語放送が始まった。これもリース念願の事業の一つだった。最初の言語はアラビア語である。エジプト国営放送から引き抜かれたアナウンサーが第一声を発し、ＢＢＣの国際放送は新たな一歩を踏み出した。

リース、去る

１９３８年は、ＢＢＣにとって一時代の終わりを告げた年でもあった。リースがＢＢＣを去ったのである。辞職理由は明確になっていないが、この数年前から「やりがいがなくなった」と日記に記していた。

１９３８年6月30日午後5時45分、リースはブロードキャスティング・ハウスのオフィスを出て、イングランド中部ウースターシャーに置かれたドロイトウィッチ送信所に向かった。4年前に稼働したばかりの長波放送の拠点である。近くで部下２人と夕食をともにした後、その日の送信所の稼働を自らの手で停止させた。７月１日午前1時過ぎに記された訪問者帳には、名前の後に続く所属は「元ＢＢＣ」と書かれていた。その後、内陸部ノーサンプトンシャーにあるダベントリー送信所に出かけ、夜明けの空を背景に放送マストに赤い明かりが灯る様子を眺めた。午前6時45分、ロンドンのオフィスに戻り、自室に残されていたわずかな私物を手にすると、ＢＢＣを去った。「そっと去る」ことを望んだリースの送別会はなく、別れの言葉も残さなかった。この時、48歳。リースは後年になって、辞職は「大きな間違いだった」と述べている。

ミュンヘン危機と戦争の足音

第二次世界大戦勃発か――。１９３８年9月、そんな緊迫感を生む「ミュンヘン危機」が発生する。すでにオーストリアを併合していたドイツが、次の標的としてドイツ系住民が多く住むチェコスロバキア・ズデーテン地方の割譲を目指したことがきっかけだ。

チェコスロバキア、フランス陸軍、英海軍が動き出し、ソ連も軍事行動に出る可能性が高まった。開戦の瀬戸際に遭遇した国民は、ラジオにかじりつき、外交の主導権を握るネヴィル・チェンバレン首相（在職１９３７〜１９４０年）の一挙一動を熱心に追った。

9月29日、ドイツ南部ミュンヘンで、英国、ドイツ、フランス、イタリアの代表が危機打開のための会議を行った。会議初日、戦争回避を最優先した英仏伊は「これ以上の領土要求を行わない」ことを条件に、ドイツによるズデーテン地方の割譲を認めることで合意する。

30日、ミュンヘン協定締結の立役者チェンバレン首相を乗せた飛行機がロンドン西部のヘンドン飛行場に到着すると、多くの報道陣、名士、群衆が出迎え、国民は歓声を送った。

しかし、戦争回避の高揚感は長くは続かなかった。1年も経たないうちに、ドイツがポーランドに侵攻し、ミュンヘン協定は実質的に破棄されてしまう。第二次大戦の勃発を告げる出来事だった。

BBCのテレビ放送は開戦直前に活動が停止された。つまり終戦までの約5年半、国民を一つにまとめ、情報や娯楽を提供する媒体として大きな役目を果たすのはラジオだった。

コラム①　放送界の2人の巨人――リースとベアード

ＢＢＣの初代ディレクター・ジェネラルとなったジョン・リース（１８８９―１９７１年）と、テレビの元祖とも言うべき「テレバイザー」を発明したジョン・ベアード（１８８８―１９４６年）には、いくつかの共通点があった。

ほぼ同時期にスコットランドで生まれ、どちらも父親が長老派教会の牧師だった。専門学校グラスゴー・アンド・ウェストスコットランド・テクニカル・カレッジ（現ストラスクライド大学）では同級生でもあった。しかし、仲が良かったわけではない。ベアードは回顧録の中で、１９０６年に初めてリースと遭遇した時を振り返ってこう書いている（『説教・石けん・テレビジョン』）。ベアードは18歳、リースは17歳の時のことだ。

極度の近眼だったベアードは、最初の授業で教師に「目が悪くて前の席に座りたい人は名前を書いてください」と言われた。教師の元に歩いていくと、大柄な３人の生徒が教師を囲んでいた。どの生徒も「教師と同等の立場で話し、自信たっぷり」で、「特別扱いされて当然という雰囲気」を醸していた。ベアードは自分の名前を書いた紙きれをおずおずと教師に渡した。すると、３人の中でも最も威圧的な雰囲気を持つ生徒がこう言った。
「おやおや、お前、どこがおかしいんだ？　聞こえないのか、目が見えないのか」。ベアードがもじもじし、不明瞭な返答をしているうちに3人は踵《きびす》を返し、教室を出ていった。
この時の威圧的な生徒がリースである。

病気がちのベアードは第一次大戦の兵役検査に落ち、兵士になることはなかった。リースはフランスで従軍経験を持ち、狙撃によって頬に深い傷を負った。

約20年後、ベアードはリースと再会する。ＢＢＣでベアード式テレビの実験放送が始まっていた時である。ベアードは回顧録の中で、「試験では私よりダメな生徒」だったリースがＢＢＣでの功績から著名となり、のちに閣僚にも就任したと恨めしげに記している。他方、公開されたリースの日記にはベアードについての記述はほとんどない。１９３７年にＢＢＣがベアード式テレビの採用を停止した時、ベアードとＢＢＣの絆は切れた。その約1年後にはリースがＢＢＣを去った。

実験三昧の生活を送っていたベアードは42歳でピアニストのマーガレットと結婚し、3

人の子供をもうけた。カラーテレビや3D放送など、新たなテレビ技術の開発に最後まで尽力し、1946年2月、イングランド南東部イーストサセックスのベクスヒル・オン・シーの自宅にて脳卒中で倒れ、6月、死去。享年57。

リースは22歳の時に近所に住んでいた15歳の少年チャーリー・ボウザーに一目ぼれする。恋人同士として10年間を過ごしたが、当時、同性同士の恋愛はご法度だった。30歳で幼馴染のミュリエルと結婚。男女2人の子供を授かった。BBCを去った後は、官邸からの打診で航空会社「インペリアル・エアウェイズ」の会長に。第二次大戦中には情報相に短期間就任後、運輸省、雇用省、海軍、英連邦通信局の役員、グラスゴー大学の名誉総長など幅広い分野で活躍した。1971年、エディンバラの自宅で転倒し、81歳で亡くなった。

第 2 章

「戦争の道具」としてのメディア

第二次大戦とBBC

1939 − 1945

避けられない大戦を見越して

「私は今、首相官邸の閣議室から皆さんにお話ししています」

１９３９年９月３日午前11時15分、ネヴィル・チェンバレン首相の声がＢＢＣのラジオから流れだした。「今朝、ベルリンの駐独英大使はドイツ政府に最後通牒を提示いたしました。午前11時までにポーランドからドイツ軍を速やかに撤退させる態勢に入らない場合は両国が戦時体制に入る、という内容です」「現在までにその保証を受理しておりませんので、英国とドイツは戦争状態にあると申し上げなければなりません」。

いよいよ、戦争が始まった。ラジオの生放送による宣戦布告は、これが史上初と言われている。

開戦の数年前から、ＢＢＣはいざという時のために準備を進めていた。放送施設が空襲を受ける可能性を想定し、１９３０年代半ばから警備用フェンスや鉄製のシャッターを取り付けだした。１９３８年、ドイツのチェコスロバキア・ズデーテン地方割譲によって戦争勃発の危機が高まると、ＢＢＣはブロードキャスティング・ハウスの放送機能が破壊された場合に備えて代替施設を探した。

１９３９年８月23日、ドイツは西の敵となる英仏、そして東の敵ソ連との両面戦争を回避するため、独ソ不可侵条約を結ぶ。まもなくして、BBCは職員の代替施設への移動を本格的に始めた。児童番組やバラエティ番組の担当者は南西部ブリストルに向かい、そのほかの担当者はイングランド中部ウースターシャーの村イヴシャムに建つ大邸宅「ウッドノートン・ホール」に移動した。ウッドノートン・ホールには6つのスタジオと調整室が装備され、BBC職員の4分の1が勤務した。職員はイヴシャムの民家に泊まった。

8月25日、国内向けラジオ放送には、それまで夕方のみだった定時ニュースのほかに、午前と昼食時のニュースが加えられた。翌26日、海外のニュースを収集する「モニタリング・サービス」が始まった。ナチスの迫害から逃れて英国にやってきた難民が中心となって、欧州諸言語での放送に耳を傾けて内容を書きとった。数百人規模の人員を抱えたモニタリング・サービスは30カ国語の情報に接し、1日に250本の外信報告を行うようになった。

約1週間後の9月1日、ドイツがポーランドに侵攻し、BBCは戦時体制に入った。英国は完全灯火管制となり、地域ごとにあった放送サービスは「ホーム・サービス」として一つにまとめられた。放送信号が敵機の目印になってしまう恐れがあったため、テレビ放送はこの日の昼で停止となった。当時テレビを持っていたのは約2万戸で、戦時下の放送資源や人材をほかの分野に投入することが優先されたからでもあった。テレビ部門のエンジニアたちは、イングランド東部サフォーク州にある英空軍基地で早期警報レーダーシステムの開発を手伝った。

放送でも勢いづくナチス

１９３９年９月の開戦から40年春まで、ドイツと英仏の間での陸上戦闘はほぼ皆無であった。予想されていたＢＢＣの放送施設への空爆もなかった。英国民はこの戦争を「退屈な戦争」「まやかしの戦争」などと呼ぶようになった。

ＢＢＣのラジオ放送は、政府の公式発表とオルガン音楽の演奏が大部分を占めた。国内向け放送はホーム・サービスのみで、多くのリスナーにとってＢＢＣの番組は退屈だった。

そこで国民が耳を傾けたのが、ドイツが英国と米国に向けて流す英語のプロパガンダ放送だった。特に人気を集めたのは、ニュースとジャズ音楽を流す『こちらドイツ（Germany Calling）』である。アナウンサーは数人いたが、英国のリスナーを引き付けたのは、米国生まれでアイルランドとイングランド育ちのウィリアム・ジョイス。英ファシスト連合の会員になっており、開戦直前に妻とともにドイツに向かった。

『こちらドイツ』のアナウンサーを大衆紙『デイリー・エクスプレス』のコラムニストが

「ツェーセンのホーホー卿（Lord Haw Haw）」と呼んだ。ツェーセンはドイツからの短波放送の発信地で、「Haw Haw」とは高笑いを指す。次第に、ホーホー卿はジョイスの代名詞となった。

ドイツのプロパガンダ放送の目的は、英国民の士気をくじいてナチスによる戦後体制の足場を築くことであり、英仏を含む連合国側の損害を誇張して伝えるのが常套手段だった。そんなプロパガンダ放送と知っていながらも、英国のリスナーはジョイスの喋りを大いに楽しんだ。

一方、国内の娯楽番組で人気があったのは、開戦の2カ月前に開始されたコメディ『またあの男か（It's That Man Again）』である。「ＩＴＭＡ（イットマ）」という愛称で親しまれたこの番組名は、独ナチスの指導者ヒトラーを新聞メディアが「あの男」と表現したことにちなむ。時事ネタを織り込みながら素早いジョークの応酬が続く番組は、多くのキャッチフレーズを生み出し続けた。「いらっしゃいませ（Can I do yer now sir?）」、あるいはお酒や食べ物を勧められた時の「ええ、いただきます」（I don't mind if I do）」などは日常会話の中に溶け込み、番組は戦後も続いた。

BBCが担った軍事的「極秘任務」

1935年、もし戦争が始まれば、BBCは新設される情報省の管理下に置かれることで政府側と合意していた。BBCは政府の広報機関になってしまうのだろうか。開戦直前の1939年7月、サミュエル・ホーア内相は、情報省とBBCは「非常に緊密な関係を維持する」が、BBCを直接の支配下には置かないと発表している。しかし、距離感をどう取るのかについては一貫した方針がないまま、戦時に至った。王立憲章の下、BBCは独立性を維持したが、国内唯一の放送局として、連合軍が戦争に勝利するために政府と協力しながら活動を続けた。

開戦後、情報省の管理下に入ったBBCは、政府による「検閲済」のスタンプが押された台本通りの放送が義務化された。出演者が台本から逸脱していないかどうかを決める「スイッチ検閲者」がスタジオに陣取り、場合によってはマイクの音量を調整するか、あるいは進行を止めることができるように調整された。

政府とBBCの間でニュースの取り扱いに認識の違いが生じないよう、BBCの編集幹部数人が情報省に出向し、情報省からの出向も受け入れる形を取った。最初の数カ月、両者の歯車はうまくかみ合わなかった。情報省はニュース内容の通達を遅らせがちで、しかも番組出演者には政府による事前チェックが必須であったため、進行が遅れる傾向にあった。政府の「誤情報」をもとに間違ったニュースを拡散し、国民の信頼を損ねたこともあった。

ＢＢＣのテレビ放送は停止されたが、職員の一部は政府の特命を受けていくつかの極秘任務をこなしていた。ドイツ軍の戦車間での通信を妨害できるかどうかのテストが行われた。翌年には音響用送信機を使って、ドイツ空軍が爆撃対象を感知するための光線を屈折させる技術が試された。ほかにもＢＢＣは、ドイツ空軍のナビゲーションシステムを妨害する作戦に協力し、英空軍のレーダー試験所に熟練エンジニアを送った。また、送信機を使って空軍爆撃機の帰還を助ける作戦や、独戦闘機のパイロット同士の通信妨害作戦にも寄与した。

欧州全土に届く暗号

ＢＢＣの活動のうち、戦時中に大きく拡大したのが国際放送だ。ＢＢＣは１９３２年から英語による海外向けの放送「エンパイアー・サービス」を始めていたが、これは大英帝国内の英国人をリスナーとして想定していた。１９３０年代半ばから、イタリア、米国、ロシア、ドイツなどが国際放送に力を入れるようになると、１９３８年以降、ＢＢＣはアラビア語、ドイツ語、フランス語、イタリア語でも放送を開始した。

放送言語の数は１９４４年5月までに46に達した。「エンパイアー・サービス」は「海外サービス」と名称を変え、ラテン・アメリカ、北米、西インド諸島、大西洋、アフリカ、中近東、インドをカバーした。

ＢＢＣの国際放送の中でも、欧州向けに特化した放送「欧州サービス」の重要性は高かった。この放送は連合国の勝利を目的として、政府の情報戦略を支える大きな役割を担った。

欧州サービスの放送は、独仏伊語に加えてその他12の言語で行われた。ナチス政権下のドイツ、そしてドイツ占領下にある国々への現地語での放送は大きな影響力を持つと想定された。ＢＢＣは、情報省や外務省、戦時経済省といった省庁のみならず、敵の士気をくじくためにプロパガンダ政策を決める政治戦執行部（ＰＷＥ）、ナチス支配下にある欧州各国での情報収集のための諜報や偵察、レジスタンス運動の支援など極秘の活動を行う特殊作戦執行部（ＳＯＥ）、そして国外での情報収集と工作を担う秘密情報部（通称「ＭＩ６」）と協力しながら放送を続けた。

こうしたＢＢＣの欧州向け放送には、秘密の信号やメッセージが込められることもあった。例えば１９４４年6月4日、フランス語の定時ニュースに「単調な静けさで心を落ち着かせる」というフレーズが入った。これは仏内の抵抗組織に向けて、連合軍によるノルマンディー上陸作戦の開始を伝える合図だった。

国際放送のために多くのジャーナリスト、翻訳者、プロデューサー、アナウンサーなどが雇われ、放送拠点は臨時の施設を含めても手狭になった。そこで欧州サービスと海外サービスは、１９２０年代に貿易センターとして建築されたブッシュハウスに居を構えることになった。２０１２年に改築後のブロードキャスティング・ハウスに引っ越すまで、「ブッシュハウス」と言えば、すなわちＢＢＣの国際放送を指すようになった。

ＢＢＣ開局から１００年の歴史を振り返った本『こちらＢＢＣ』を書いたブリストル大学現代史教授サイモン・Ｊ・ポッターによれば、ＢＢＣの戦時中のニュース報道は「客観的とは言えなかった」「一種のプロパガンダだった」。

一般に「プロパガンダ」とは、特定の思想によって個人や集団に影響を与え、人々の行動を意図した方向に仕向けようとする宣伝活動を指す。こうした、情報による大衆操作・世論喚起には好ましくないイメージがあるが、国際紛争における情報戦では貴重なツールとなる。

ポッターは言う。たとえプロパガンダであったとしても、ＢＢＣの報道は「大体において正確で、全くの嘘ではなかった」。注意深く事実を報道し、時には省略し、英国の国益にかなうような文脈で伝えた、と。「嘘を避ける」というＢＢＣの報道原則を貫いたことで、戦争が終わる頃までには、ＢＢＣは世界のリスナーに「信頼できる放送局」として評価されるだけの地位を築いたという。

困難な「ホワイト・プロパガンダ」

欧州サービスの開始にあたって、責任者ノエル・ニューソムはＢＢＣニュースの原則を「正確性、確実性、責任」と定義した。「戦争に勝つという目的のために、現実的で基本的なプロパガンダを行う」。ニューソムが言うところのプロパガンダとは、嘘を広めるのではなく、戦争に勝つために連合国側の論を立てていくことを指す。ドイツ向けには「正確、端的、可能であればナチスの無能さを露呈させる」報道を行う。情報が正確であることは必須で、「そうでないとＢＢＣへの信頼を失ってしまう」と考えた。

戦時下にあって、ＢＢＣと政府省庁はそれぞれによる情報統制の足並みを揃える必要があった。このため、プロパガンダ政策を統括する政治戦執行部（ＰＷＥ）は、ＢＢＣの国際放送本部があるブッシュハウスに拠点を置くことになる。元外交官が「外国アドバイザー」として雇われ、ＰＷＥに上がってきた政府省庁からの報道要求を精査した。

ＰＷＥと協力しながら、情報省の指導の下でＢＢＣが行ったプロパガンダは、情報源を明示した上での「ホワイト・プロパガンダ」だった。しかし、発信元を偽る「ブラック・プロパガンダ」の煮え湯を飲まされることもあった。例えば、特殊作戦執行部（ＳＯＥ）に所属する元ベルリン特派員が、反ヒトラー感情を高めるための極秘作戦として、欧州内のドイツ兵に向けた番組を放送したことがある。この際、実際には英国内からの発信であるにもかかわらず、ドイツに拠点を置く放送局からのものであると偽って放送した。これを知らずにドイツからの情報として扱ったＢＢＣ関係者は、真相が明らかになった際に憤慨した。

チャーチルは何を語ったのか

開戦から半年が経った１９４０年４月、ドイツがデンマークとノルウェーに侵攻し、英仏はノルウェーに遠征部隊を派遣する。追ってドイツがフランス本土に侵攻したため、連合軍側は撤退を余儀なくされた。ドイツはノルウェーを占領した。５月10日、ノルウェー戦の失敗で引責辞任したチェンバレン首相の後を引き継いだのは、同内閣で海軍大臣を務めていたウィンストン・チャーチル（在職１９４０―１９４５年、１９５１―１９５５年）だった。

１９２０年代からＢＢＣに冷遇されていると感じていたチャーチルは、首相就任後もＢＢ

Ｃへの不信感を抱いていた。しかし、国民に直接語り掛ける媒体として、次第に放送の価値を見出すようになっていく。

就任早々チャーチルは、ドイツ軍によるオランダとベルギーへの同時侵攻の結果、ドーバー海峡に面するフランスの港湾都市ダンケルクにまで追い詰められた英仏連合軍への対処を迫られた。包囲網を築くドイツ戦車部隊を前に英仏軍の撤退作戦が実施され、６月４日午後までに約33万人の兵士を脱出させた。

同日、下院に立ったチャーチルは「どんな犠牲を払っても本土を守る」「絶対に降伏しない！」と熱を込めて演説した。当時は議会の審議中継が禁止されていたため、国民は演説の内容をＢＢＣのニュース放送を通じて知った。「大失敗をごまかすための演説だ」と批判する議員もいたが、チャーチルの求心力は高まった。

６月14日、パリが陥落する。西欧諸国の中で主権を維持しているのは英国だけになった。これを受けて４日後、チャーチルは下院の演説でこう述べた。「フランスの戦いは終わったが、英国の戦いはこれから始まる」「もし大英帝国と英連邦が今後１０００年も続くとしたら、その時、人はきっとこう言っているだろう。『あの戦いの時が、最高の時だった』と」。

チャーチルは、ＢＢＣでも演説するように側近から言われた。しかし、「必要ない」と答えた。それでも説得が続いたので、チャーチルは渋々とマイクの前に座った。口元には葉巻を咥《くわ》えたまま、議会の演説原稿をそのまま読んだ。「下院では素晴らしい演説だったが、放送版は酷かった」と、側近の一人ハロルド・ニコルソンは語っている。

戦火に呑まれる放送施設

１９４０年９月、英国各地はドイツ空軍による一斉集中攻撃を受けた。ロンドンへの連続57日間に及ぶ空襲は主要都市、その周辺の町など全土に広がり、１９４１年５月まで続いた。負傷者約13万人、死者約４万人。大きな被害をもたらした一連の電撃戦を、英国民はドイツ語で「稲妻」を意味する「ブリッツ」と呼ぶようになった。

当時、ウッドノートンやブリストルの地方拠点に移動していたＢＢＣ職員は、その一部がロンドンのブロードキャスティング・ハウスに戻っていた。数百人が、昼は建物の上階で働き、夜は地下の仮設寝床で空襲警報を聞きながら眠った。リースの後を継いで２代目のディレクター・ジェネラルに就任していた元クイーンズ大学教授のフレデリック・オギルヴィー（在職１９３８―１９４２年）も、ここに寝泊まりする一人となった。

同年11月、バーミンガムの送信所にいた３人が空襲で命を落とし、翌１９４１年２月には、英西南部ウェールズ地方スウォンジーにあったスタジオが全焼した。ブリストルのスタジオもひどい攻撃を受け、職員はほかの拠点に避難した。

職員が最も大きな衝撃を受けた爆弾は、１９４０年10月15日に落下したものだった。ウッドノートンのモニタリング職員から送られてきたメッセージをタイプしていた職員と消防隊員の合計９人が亡くなった。

戦時下の工場労働に華を添えて

戦時中には、国民の士気を高めかつ生産性を上げることを目的とする番組が作られた。１９４０年６月放送開始の『ミュージック・ホワイル・ユー・ワーク（労働時間の音楽）』がその一つだ。明るく軽快な音楽が30分間、メドレー形式で続く。工場作業員ばかりか、一般リスナーも１日２回の放送に耳を傾けた。終戦までに大小約５万に上る工場が番組を流し、国内人口の10―20%が聴くことになった。

翌41年開始のバラエティ番組『ワーカーズ・プレイタイム（労働者の息抜き）』は、週に３回、お昼の時間に社食から生放送された。ラジオ界や演芸のスターが各地の工場を訪れ、作業員たちの前でパフォーマンスを披露した。放送開始から２年間で２７５の工場が訪問を受け、およそ27万人の作業員が目の前で繰り広げられる歌や寸劇を楽しんだ。

１９４０年1月からは、戦前には地方放送用だった周波数を使っての「軍隊放送」が始まった。開戦から北フランスに駐屯していた英海外派遣軍や、国内の兵士の士気を上げるのが目的だ。内容は娯楽性が高く、バラエティ、スポーツ、軽音楽、フランス語のレッスン、ミュージカルなど。女性のアナウンサーも起用し、前線にいる兵士たちに家族がマイクを通してメッセージを送る番組もあった。

国内にいる多くの民間人も耳を傾けており、１９４２年までに国内のリスナー数はホーム・サービスのリスナーの１・５倍にまで増えた。

一方で、午後9時のニュースをホーム・サービスで聞くことは成人の日課となっていた。戦地の兵士と国内の家族をつなぐ番組や、『ＩＴＭＡ』のようなコメディ番組も人気だった。のちに「英軍の恋人」とまで呼ばれるようになる歌手のヴェラ・リンは、前線にいる兵士に向けて「言葉と音楽を送る」番組『親愛なるあなたへ』を担当し、英国にいる家族から現地の兵士に書かれた手紙を読み上げた。

当時誰もが口ずさむようになった歌が、リンの「ドーバーの白い崖」である。ケント州ドーバー海峡に面する白亜の崖は欧州大陸に対峙する位置にあり、英国を象徴する存在である。

欧州の戦争が終わって、平和がドーバーの崖に戻って来るでしょう、と歌った。「私たちは再び会うでしょう」もヒットし、後に同名で映画化された。「私たちは再び会うでしょう、どこでかは分からない、いつかも分からない、でも、いつか晴れた日に再び会うと思うのです」という歌詞は、戦争でまだ帰ってこない人を待つ家族の思いを凝縮させて、涙を誘った。

フランスを救ったド・ゴールの演説放送

「私たち全員が、6月18日の子供なのだ」。2010年6月18日、ニコラ・サルコジ仏大統領は、ある放送の70周年を祝う記念式典でこう述べた。フランスが今でも存在できているのは「あの放送」、そしてその中の呼びかけがあったからなのだ、と。「あの放送」とは、1940年6月18日、当時フランスの国防次官だったシャルル・ド・ゴール（後の仏大統領）が、BBCを使って自国民に抵抗を呼びかけた演説を指す（図4）。

1940年5月、ドイツ軍がフランスに侵攻し、6月14日、パリが陥落する。ポール・レノーを首班とする政権は、親ドイツ派のフィリップ・ペタン元帥による傀儡政権（ヴィシー政権）に交代した。パリ陥落を受けてロンドンに亡命したド・ゴールは、チャーチル首相に「BBCを好きなように使ってよい」と告げられる。18日、午後10時の放送に向かった。

抵抗運動の組織「自由フランス」の主導者でもあったド・ゴールは、英政府が承認した文書を読み上げながら、「フランスの抵抗運動の火を消してはならない」と訴えた。ナチスへの抵抗によってフランスを自由にし、国を取り戻そうと呼びかけた。４分間にわたるド・ゴールの最初の放送をフランスで聞いた人は多くはなかったが、数日間にわたって同様の演説が繰り返され、そのメッセージは次第に広がっていった。

ヴィシー政権下のフランスでは、ＢＢＣを聞くこと自体が抵抗運動だった。同政権の推計によると、フランス国内におけるＢＢＣのフランス語放送リスナーは、１９４１年の約30万人から１年で10倍にまで増えた。

図4：マイクの前で演説原稿を読み上げるシャルル・ド・ゴール（1890－1970年）©Hulton Deutsch via Getty images

「ピースサイン」はこうして生まれた

「皆さん、『Ｖ』を掛け声にしましょう。Ｖはフランス語『Victoire（ヴィクトワール＝勝利）』とフラマン語『Vrijheid（フレイヘイト＝自由）』の最初の文字になるからです」

１９４１年１月14日、ＢＢＣのベルギー向けフランス語放送を担当していたビクトール・ド・ラブレーはマイクの前でこう呼びかけた。ド・ラブレーは英国に亡命する前はベルギー政府の閣僚であった。ドイツ占領下にあるベルギーの２つの主要言語、フランス語とフラマン語のどちらでも「Ｖ」が象徴的な文字になることに気づき、占領に抵抗する印として、あらゆるところにＶを描くことを提唱した。呼びかけはＢＢＣ欧州サービスの他の言語でも紹介され、メッセージはベルギーから、フランス、チェコスロバキアにまで届いた。人差し指と中指でＶをまねる仕草は、のちに「ピースサイン」とも呼ばれるようになる。

Ｖキャンペーンに激怒したドイツ政権は、ドイツ語でも「勝利の女神（Viktoria＝ヴィクトリア）」がＶで始まることを利用し、パリ・エッフェル塔にＶの字を被せたり、プラハの繁華街を「ヴィクトリア・ストリート」と名付けたりなど、Ｖキャンペーンを逆手に利用した。

ＢＢＣの上層部では、このキャンペーンによってナチス占領下にある欧州諸国に、すぐにでも連合国側からの軍事支援があるのではと非現実的な期待を抱かせることへの懸念も出てきた。

１９４２年５月、ＢＢＣはＶキャンペーンを終了させた。

ドイツ側の通信を傍受せよ

開戦の危機が高まっていた１９３９年の夏には、放送を届けるのではなく傍受する活動も始まった。ナチスが支配するメディアのプロパガンダや、枢軸国の放送が流す情報をリアルタイムで収集し、陸軍省に伝えるための「モニタリング・サービス」だ。

当初はウッドノートンの小屋で作業を開始した。ラジオ受信機６台、アンテナ一式が装備された施設の中で、遠くから聞こえてくる外国の放送を傍受した。発足から２、３年後には、傍受の対象となる放送を欧州ばかりか南アフリカ、日本も含めた世界各国の32言語にまで拡大させる。小屋の数も次第に増え、チームの人員も増えた。１９４３年からはイングランド南部バークシャー州レディング郊外に建つカントリーハウス「カベシャム・パーク」に拠点を置き、終戦までに職員数は１０００人に達した。

極秘度が高い情報を扱う「Ｙ」班は私設ラジオの放送を盗聴し、英国の上空を飛ぶドイツの戦闘機のパイロット同士の通信さえも傍受した。

分析された情報をタイピストの女性たちが次々と文書化していった。作成された文書は、

１日で数百ページにも上ったという。毎日午前３時過ぎ、これが複数の小冊子にまとめられ、午前10時15分の配布に間に合うように車か電車でウッドノートンやカベシャム・パークからロンドンまで運ばれた。特に重要と思われる情報は、軍事用のバイク便を使って政府省庁に運ばれた。ＢＢＣの報道にとっても貴重な情報源となった。

モニタリングに際して、ナチス政権がスクランブルをかけたメッセージを送る時に使うテレタイプ「ヘルシュライバー」をＢＢＣが取得したことも功を奏した。これによってＢＢＣのモニタリング班は、ヒトラーの演説やヨーゼフ・ゲッベルス宣伝大臣によるプロパガンダ指令などにアクセスできた。ヒトラーの訃報をいち早くつかんだのも、モニタリングの職員だった。１９４５年５月１日、ヒトラーの死はＢＢＣを通じて世界中に放送された。

録音機を積んだ爆撃機

開戦から４年を数える１９４３年９月３日、ＢＢＣの戦争特派員ウィンフォード・ヴォーントーマスは、英ランカスター爆撃機に録音エンジニアとともに搭乗した。戦争の現実を英国のリスナーに届けるためだった。爆撃機は英仏海峡を越え、オランダからドイツ上空、そして首都ベルリンに入った。ヴォーントーマスはのちに、ベルリン到達までの飛行を「人生の中でも最も恐ろしい8時間だった」と述べている。

ランカスターを察知したドイツ軍のサーチライトが照射され、対空砲火が飛んでくる中、暗黒の市中に落とされた爆弾の閃光が次々と光る。「まるで黒いビロードの上に宝石を落としたようです。瞬くルビー、輝くダイアモンド……すべてが目に飛び込んできました」。ヴォーントーマスの震える声をエンジニアがディスクに記録し、上着の中に押し込んだ。凍えるような機内の気温や落下する爆弾の衝撃でディスクが破損するのを避けるためだった。翌日の放送は夜間に行われる爆撃の恐ろしさと危険性を世界中に伝えた。

ＢＢＣが日々の報道で戦況を伝えるようになったのは、１９４４年６月６日からである。連合国軍によるノルマンディー上陸作戦の初日であった。海と空、そして陸上からの北フランス攻撃の初報道は午前8時。ＢＢＣは歴史が作られていく過程を刻々と伝えていった。

午後9時、新設の「戦争報道班」による放送が始まった。番組名は『戦争報道』。作戦の総司令官となった米アイゼンハワー元帥による「欧州の解放のための戦い」の演説を冒頭に織り込み、続いて英国に亡命中のド・ゴールの演説の英語訳が流された。

ある記者は、パラシュート部隊が空からの上陸に備えて地上で準備する様子を伝え、別の記者が実際に飛び立つ様子を報道する。ノルマンディーに向かうグライダーに乗り込む記者

図5：録音機器を携行した30人ほどの『戦争報道』特派員が、主要な戦場から情報を届けた。写真はスタンリー・マックステッド記者 ©BBC

の声の後には、すでに別のグライダーに同乗して目的地に到着した先発記者の報告が続いた。海軍司令官がその日の軍事行動を振り返る生中継インタビューがはさまり、英軍に同行したリチャード・ディンブルビー記者がフランスの現状を伝えた。多数の場所での出来事が複眼的に紹介される、臨場感あふれる番組となった。

ＢＢＣでは記者とエンジニアを含めて約30人が兵士としての訓練を受け、連合軍の従軍報道隊になった。記者らは「小型（ミジェット）」と呼ばれる録音機を持たされていたが、名前とは裏腹に約18キロの重さだった。それでも、戦場での録音で大きな役割を果たすことになった（図5）。

従軍には危険がともない、爆撃機に同乗した戦争報道班の記者2人がドイツ上空で戦死した。第二次大戦中、爆撃隊は戦死率が高く、全12万５０００人の隊員中、５万５０００人以上が命を落とした。『戦争報道』は毎夜放送され、終了までに２３５回を数えた。

１９４５年４月15日、ドイツ北部にあるベルゲン・ベルゼン強制収容所が英軍によって解放された。『アンネの日記』を書いたアンネ・フランクと、その姉マルゴットもかつて収容されていた場所である。

記者ディンブルビーは、収容所の様子を世界に向けて報道する最初のジャーナリストになった。病気や飢餓で亡くなった多くの人々の遺体や、すでに息絶えた赤ん坊を抱きながらミルクを求めて去っていく母親の姿に英軍兵士たちは大きな衝撃を受けた。惨状をリポートするディンブルビーの声は抑制されていたが、ナチスの行為に対する悲しみと怒りが伝わってきた。

戦勝記念日のロンドン

１９４５年５月８日、ベルリンでドイツのヴィルヘルム・カイテル元帥が全面降伏文書に調印し、この日は連合国側の勝利を祝う「欧州戦勝記念日」こと「ＶＥデー（Victory in Europe Day）」となった（図６）。

ブロードキャスティング・ハウスは投光照明で照らされ、連合国側の22カ国の国旗が飾ら

図6：1945年5月8日、集まった群衆に「Vサイン」を掲げるウィンストン・チャーチル（右手中央）

れた。国内のムードを伝えようとＢＢＣは各地に記者を派遣し、教会の鐘の音を全国に伝えた。軽快で踊りたくなるような音楽が一日中流され、午後3時にはチャーチル首相が欧州での戦争が終わったことを伝えた。午後9時、バッキンガム宮殿から国王ジョージ6世が国民に語り掛けた。国民の戦時の努力に感謝する一方で、「戻ってこない人がいる」ことを覚えておくように、と。

勝利を祝うために外に出て踊る国民も多く、通りは群集であふれ返った。国王の長女エリザベス（後の女王エリザベス2世）と妹マーガレットも宮殿を出て街中に出た。2人に気づく人は誰もいなかったという。時計の針が午前0時を少し回った頃、ＢＢＣの記者は中心街ピカデリー・サーカスのクライテリオン・シアター前に集まった人々にマイクを向けて声を紹介した。

戦後80年近くを経た現在でも、ロンドンの通りが格別に多くの人でにぎわうことがある。とりわけ大晦日から年明けにかけては、テームズ川沿いで行われる年越しの花火を一目見るために、ウォータールー周辺にたくさんの人が集う。ビッグベンの針の動きに合わせてカウントダウンをし、花火が一斉に打ち上がる。押し合いへし合いしながら、スマートフォンを片手に撮影する人でいっぱいだ。

ただ、1945年5月8日の熱気は、今の年末年始の活況の数倍だったに違いない。

コラム②　階級社会の英語事情

ＢＢＣが誕生した１９２０年代、アナウンサーの発音は言語学者デービッド・クリスタルが言うところの「Received Pronunciation（「容認発音」、略して「ＲＰ」）」あるいは「パブリックスクールの英語」だった。「パブリックスクール」というのは私立校のことである。なぜ私立校なのに「パブリック（公）」かというと、特定の出身地域、宗教、親の職業などにかかわらず、誰にでも勉学の機会が開かれているという意味だ。

英国で「パブリックスクール」というと、社会のエリート層をはぐくむための寄宿制の学校を指す。かつて、パブリックスクールに通う生徒はオックスフォード大学やケンブリッジ大学を目指し、高級官僚や軍隊幹部などになって公的部門でキャリアを築くコースに入るのが常だった。

一定の財力や教養のある家庭でないとパブリックスクールに子供を送ることはできない

ので、RPとは階級が上か資産家の家庭で話される英語だった。今では女性もパブリックスクールに通い、寄宿制ではない学校もある。

英国には階級制の名残りがある。頂点は王室で、貴族（上流）階級、中流階級（主に専門職、軍隊や企業の幹部、官僚、ホワイトカラー従事者）、労働者階級（主に単純技能を使う労働者）という区分けが使われてきた。英国の中流は「平均より上」で、「知識層」と同義であった。

RP自体はイングランド南部の上流あるいは中流階級で育った人の英語を土台とする。高等教育を受けた人、大手企業の経営陣、教師、医師、政治家、高級官僚やその子弟は同じように話す。開局当時のBBCのアナウンサーはこの層に属しており、BBC英語はRPとほぼ同義だった。1960年代以降には中流の幅が広がった。大学に進学するともともとの発音のアクセントが消える場合も多い。

BBCでは定時のニュースを読むアナウンサーはRPが基本だったが、1970年代以降、地方のアクセントも許容されるようになった。現在もニュースのアナウンサーはイングランド南部の知識人が使う標準英語で話す場合が多いものの、生まれ育った地方の独自のアクセントが入った英語を使う人もいる。

出身地に根差したアクセントに対する、視聴者の好感度は高い。上中流階級が使うような英語を話す人は英国全体のほんの数％だ。RPは特定の地域や階級と結びついた印象を与えるため、「お高くとまっている」と見られ、そのほかの地域に住む視聴者にとっては心理的な距離を感じさせる。RPは、負のイメージを与えかねない発音になった。

2004年、筆者はBBCラジオの教養チャンネル「ラジオ4」でニュースの読み手として長い経験を持つピーター・ドナルドソンを訪ねた。編集部のスタッフからニュース原稿をもらうと、ドナルドソンはこれにさっと目を通してから、スタジオに向かった。スタジオの赤いランプがつくと、ほとんどぶっつけ本番で数分間の定時ニュースをマイクに向かって読み上げた。

編集室に戻って話を聞くと、数人のシフト制で回す定時ニュースのアナウンサー職に新人を入れる時、ドナルドソンが注視するのは「発音ではない」という。「ニュースの内容がスッと頭に入り、リスナーが信頼できると思えるような声」を探すのだ。

スタジオの中でも外でもドナルドソンの話し方は同じで、典型的なRPだった。「BBCに入る前からこういう話し方だった」。軍隊勤務の父を持つドナルドソンはエジプト・カイロで生まれ、幼少期をキプロスで過ごした。家庭で使われていたのがRPで、BBC

英語を体現した人だった。２０１５年、ドナルドソンはがんで亡くなった。享年70。耳に心地よく、落ち着いた声が未だに耳に焼き付いている。

第 3 章

「消費ブーム」にテレビは

戦後社会とBBC

1945 – 1969

戦後の始まり

１９４５年７月、第二次大戦後に行われた初の総選挙でクレメント・アトリー率いる労働党が圧勝する。労働党による単独政権は、これが史上初である。６年近くにわたる戦争で疲弊していた国民は、福祉制度の拡充を訴えた労働党に戦後の生活の向上を託した。

アトリー政権はイングランド銀行を始めとして電気・ガス・炭鉱、通信、鉄道など基幹産業を次々と国有化する。同時に、すべての国民を対象とした「国民保険制度（ＮＩＳ）」や、税を財源として患者の自己負担なしに医療を提供する「国民医療サービス（ＮＨＳ）」などの充実した社会保障体制を築きあげていく。この時に労働党の掲げたスローガンが「ゆりかごから墓場まで」である。国庫はほとんどからっぽで、１９４６年時点で国の借金が国民総生産（ＧＤＰ）の２００％を超えていた。

ラジオはほぼすべての世帯に普及し、経済的に最も負担が小さい娯楽を国民に提供した。放送内容によって、リスナーには３つの選択肢ができた。戦争勃発と同時に全国放送と地方放送を統合した「ホーム・サービス」、軍隊放送を娯楽中心に変えた１９４５年７月開始の「ライト・プログラム」、１９４６年９月に加わった教養番組中心の「サード・プログラム」である。

当時のディレクター・ジェネラル、ウィリアム・ヘイリー（在職１９４４―１９５２年）には、３つの選択肢を用意するうえでの構想があった。親しみやすいホーム・サービスやライト・プログラムを幅広い層のリスナーに入口として提供し、そこから高尚なサード・プログラムへと誘導する、下から上へのリスナーの移動である。サード・プログラムは夕方からの放送で、クラシック音楽、小説を脚色したラジオドラマ、実験的な演劇などを流した。

国際放送の位置付け

戦時中、ＢＢＣは外務省や情報省などと密接に連絡を取りながら、リスナーにニュース、情報、娯楽を提供した。また戦争目的を遂行するため、ナチス支配下の国に向けて敵側のプロパガンダに対抗する放送も行った。

１９４４年末、ＢＢＣの職員数は戦前の3倍となる１万１０００人を超え、国際放送の言語数は英語を含めて46に到達した。このうちの24は欧州諸国の言語である。ＢＢＣ幹部はここまで拡大した国際放送の大幅縮小を考えていたが、外務省はこれに反対だった。欧州の平和実現に貢献したＢＢＣを国の資産としてとらえていたからだ。

１９４６年、外務省とＢＢＣの欧州サービス担当幹部らによってまとめられた戦後の放送業についての草案が、政府の「放送白書」に反映された。これを基にして、1947年以降のBBCの存立を記す「王立憲章」と、活動の詳細を定めた「合意書」がまとめられた。この時からBBCの国際放送は業務の一つとして明記された。

国際放送の運営費用は、政府の交付金による。BBCは編集及び運営上の独立性を持つが、放送言語を追加したり、新たなサービスを提供したりする場合には外務省の承認を受ける必要があるとされた。政府は放送されるべきではない内容を指定でき、場合によっては管理下に置くこともできたが、「外務省がBBCの国際放送の責任者になれば、海外リスナーの信頼を失うので望ましくない」などの理由であり得ないと政府高官が国会で答弁している。

エリザベス女王の戴冠式

1946年6月7日午後3時、BBCテレビのスタジオがあるアレクサンドラ・パレスの入り口に、1台の車が乗りつけた。降りてきた女性がカメラに歩み寄って、話し出す。「皆さん、こんにちは。私を覚えていらっしゃいますか。ジャスミン・ブライです」。戦後初めてのテレビ放送が始まった。郵政長官の挨拶の後、世界的バレリーナ、マーゴット・フォンテーンによるバレー、風刺画家のトーク、そして戦前最後の放送となったアニメ『ミッキーの名優オンパレード』が再び放送された。番組は１時間で終わり、午後８時半からは２時間の音楽番組が始まった。その後しばらくの間、午後３時と８時半がテレビ放送の時間となった。

当時はパレスに置かれた送信機の出力では全国放送が実現できず、テレビ番組を視聴できたのはロンドンから約48キロ圏内に住み、高価なテレビを買える世帯に限られた。約１万５０００台のテレビが稼働状態だったと言われている。送信機を各地に増設し、英国全体でテレビ視聴が可能になるのは１９５３年春である。

テレビが最も活況を見せたのは、現場からの中継番組だった。１９４７年９月、数週間にわたって行われるクラシック音楽のプロムナード・コンサートの最終日を中継放送し、１９４８年７月29日からはロンドン五輪を中継した。戦後初の五輪である。ＢＢＣはメイン会場となったウェンブリー・スタジアムの近くに制作センターを設置して全61競技をカバーし、世界各国にその模様を放送した。

テレビの普及には、視聴者がどうしても見たい番組が必要だった。そして英国民にとってテレビが身近なものになったきっかけは、１９５２年２月に亡くなったジョージ６世の後を継いだ長女エリザベス女王の戴冠式（１９５３年６月）であった（図７）。過去数年間を物資

図7：1953年6月2日、戴冠式の日のエリザベス2世（在位：1952－2022年）

の欠乏などの困難に苦しんだ国民にとって、即位当時25歳の女王は若さと明るい未来の象徴だった。戴冠式を自宅で視聴した人は約７８０万人、テレビがある人の家に集まって見た人は１０４０万人、映画館やパブなどで見た人は１５０万人に上った。国内で販売されたテレビの台数はこの時までに約２００万台である。番組の録画は米国に飛行機で送られ、約８５００万人が視聴した。ドイツでは全11時間にわたるＢＢＣの放送が生中継された。

戴冠式のほかに普及の大きな足掛かりとなったのが、１９５３年5月2日、ウェンブリー・スタジアムで開催されたサッカーの大会「ＦＡカップ」最終戦の放送である。カードはブラックプール（本拠地イングランド北西部ブラックプール）対ボルトン・ワンダラーズ（同じく北西部ボルトン）。前半10分時点で１―３と劣勢だったブラックプールが、「ドリブルの魔術師」スタンリー・マシューズの活躍で猛追し、ロスタイムでの4―3逆転優勝に結びつけた伝説の試合だ。

ラジオでは全試合が放送されたが、テレビではこの最終戦のみ。「スタジアムでなくとも視聴できる」と思った人が試合に足を運ばなくなることを避けるためである。約1000万人の視聴者の多くにとって、マシューズのプレーを目にするのはこれが初めてだった。サッカーのテレビ観戦は、どんな冷めた視聴者をも熱くさせる迫力がある。「マシューズ・ファイナル」と呼ばれるようになるこの試合で、FAカップはスポーツ中継に欠かせない競技となった。

テレビがマスメディアとして普及する背景には、配給制の廃止に加え、ローンを使った買い物の規制が1954年7月から緩和されたせいもあった。1台60ポンドのテレビでも最初の支払いとして6ポンドを払えば、ローンを組んで買うことができるようになった。これが消費ブームの火付け役となった。ラジオとテレビの個別の受信免許は1946年に一体化されており、混合免許数は1954年までに320万を超えた。テレビ時代の到来が目前に迫っていた。

ジャマイカに帰る船――初の黒人プロデューサーの受難

１９４８年６月21日、１０００人余りを乗せた旅客船ウィンドラッシュ号が英南東部エセックスのティルベリー港に到着した。そのうちの８００人余りがジャマイカ、バルバドスなどのカリブ海地域の出身で、大戦時には大英帝国の一員として兵役についた人々である。１９７１年までに約50万人が英国に移住し、ウィンドラッシュ号は戦後の移民の流れの象徴となった（図８）。

背景には、戦後の労働力不足があった。英政府の呼びかけでやってきた人々は清掃人、運転手、看護師などとして働き、戦争で打撃を受けた国土の再建に貢献した。１９４８年に新しく制定された英国国籍法によって、「英国及び植民地の市民」が「英国籍保持者」と認定されたことも移住を後押ししたと言える。しかし、有色人種の移民流入は受け入れ側との摩擦を生じさせ、カリブ海出身のアフリカ系移民が偏見や差別的待遇にあうことは珍しくなかった。

１９４１年にＢＢＣ初の黒人プロデューサーとなっていたジャマイカ出身のウナ・マーソンもそんな一人だった。自身が詩人でもあったマーソンはラジオ番組『こちら西インド諸島』の中に「カリブ海の声」というコーナーを企画し、それまで英国では知られていなかった同地域出身の作家による詩や短編小説を紹介した。今後の活躍が期待されたが、ＢＢＣ内で差別的な扱いを受けて体調を崩し、入院するまでになった。最終的にＢＢＣはマーソンの解雇を決め、１９４６年、彼女は失意の中で船に乗りジャマイカへと帰国する。

「カリブ海の声」はマーソンがＢＢＣを去ってからも１９５８年まで続いた。マーソンが住んでいたロンドン北部ブランズウィックにある建物には、その功績をたたえる丸いプレートが飾られている。

図8：ウィンドラッシュ世代とその子孫の英国への貢献を称える記念像（ロンドン・ウォータールー駅構内／著者撮影）

チャーチル政権でライバル誕生

テレビの販売台数が増えつつあった１９５５年、英国の放送業界は大きな変化を迎える。初の民放テレビが始まるのである。放送業の誕生から市場を独占してきたＢＢＣにライバルができることになった。

その直前まで、民放開始の道は途絶えたように見えた。1949年6月に社会保障制度の提唱者である経済学者ウィリアム・ベヴァリッジを委員長として設置された調査委員会は、将来の放送業についての検討を重ねた結果として、1951年1月、今後もBBCが放送業を独占するよう推奨する報告書をまとめた。政府はベヴァリッジ委員会の提言をほとんどそのまま受け入れ、1951年7月に発表した白書の中でBBCのみが放送業を担当する方針を明記した。

ところが、わずか数カ月のうちに事態が急転する。1951年10月の総選挙で保守党が政権を奪回したのである。ここで首相に返り咲いたのが、BBC嫌いで知られるチャーチルだった。

チャーチルの思惑を度外視しても、「小さな政府」を目指す保守党には、他者の自由を侵害しない限りあらゆる自由を尊重する「リバタリアニズム」の思想があった。より豊かな消費社会の中で新たなビジネスの機会を得たいと望む実業界の声も、保守党に届くようになっていた。

1952年5月、新政府は最初の放送白書を発表し、BBCについては同年7月から10年間の王立憲章の更新を認めると同時に、BBCと対抗する商業テレビの設置も提案した。1

９５３年11月に発表された第２の放送白書では、商業テレビ導入の具体案を示した。

英国初のテレビ・コマーシャル

１９５４年のテレビ法の施行によって、英国で最初の商業放送局が生まれた。商業放送は「独立テレビ（インディペンデント・テレビジョン＝ＩＴＶ）」と呼ばれた。ＢＢＣから「独立している」という意味である。

商業放送を監督する組織「独立テレビジョン・オーソリティー（ＩＴＡ）」が設置され、地域ごとに放送免許を与える役目を担った。初めに放送免許を得たのは４つの放送局で、イングランドの各地域を分け、さらに平日と週末を別途に分担した。これはＩＴＶ内でも競争が生まれるよう意図されたものだが、結果として放送局の構成は複雑になった。ＩＴＡが放送免許の見直しをする１９６３年までに15のＩＴＶ放送局ができた。

ＩＴＶの放送局は営利が目的であっても、あくまでも公共サービスとしての運営を求められた。ＩＴＡは番組内容とコマーシャルに関して規制を課した。両者の区別が視聴者に明確であること、コマーシャルは番組時間の10％以下で、かつ自然な切れ目に入れること、番組はその大部分が英国で制作されること、ニュースは正確で偏りがないことなどが定められた。

担当する地域に即した放送を行うことが義務化され、地方ニュースを毎日放送すること、地方に関わるドキュメンタリーを定期的に作ることなどの条件もついた。英国全体をカバーするニュースの制作は、ＩＴＶ局全体で所有する「独立テレビジョン・ニュース（ＩＴＮ）」が担当した。

１９５５年９月22日午後７時過ぎ。いよいよ、英国最初の商業放送が始まった。ロンドンの平日放送を担うアソシエーテッド・リディフュージョン社による放送である。記念式典の後で、午後８時から『バラエティ』と題された娯楽番組が始まった。開始から12分後に流れた英国初のテレビ・コマーシャルは、歯磨き粉の宣伝だった。

民放テレビ出現の余波

ライバル出現を前に、ＢＢＣは同じ年の９月４日からニュースの司会者を初めてテレビの画面に出した。それまでは重要なニュース報道を司会者の姿で邪魔してはいけないという方針のもと、静止画やニュース映画の動画を使って報道を行ってきた。

一方のＩＴＮはニュース報道の見せ方を重視し、ＢＢＣではニュースの司会者を「ニュースリーダー（ニュースの読み手）」と呼んでいたのに対し、ＩＴＮは「ニュースキャスター」

と呼んだ。「ニュース」と「放送する人（broadcaster）」を結びつけた言葉だ。ＢＢＣのようにほかの人が書いた原稿を読むだけではなく、自分で編集もするジャーナリストとしてニュースキャスターをとらえた。お堅いイメージがあるＢＢＣのニュースと差をつけるため、街頭で人々の声を拾う取材方法（「ボックスポップ」）を英国で初めて導入し、取材相手に思い切った質問ができる人材をキャスターとして積極的に起用した。

また１９５７年２月には、業界で「幼児の休戦」と呼ばれた制度が廃止される。戦後導入された制度で、子供番組の放送が午後６時に終了し、夜の放送が始まる午後７時までテレビの放送は停止されてきた。この間に親が子供たちを寝かしつけることを想定した慣習だったが、広告を収入源とするＩＴＶからすると、午後６時から１時間の放送停止は厳しい。ＩＴＶ系列局の運営安定化のためにもと解禁の機運が高まり、放送業を管轄していた郵政長官も「国民の自由への干渉」として嫌ったこともあって廃止に至った。

冷戦の時代へ――ハンガリー動乱

第二次大戦が終わっても、世界から戦争の火種がなくなることはなかった。こんどは米国と西欧諸国を中心とする資本主義陣営と、ソ連やその衛星国で構成される共産主義・社会主義陣営が対立する「冷戦」（１９４０年代後半─１９８９年末）の時代に突入した。

冷戦の現実を衝撃的に伝えたのが、１９５６年秋のハンガリー動乱だった。ハンガリーは大戦中に枢軸国側だったこともあって、１９４０年代末にソ連の衛星国となってからは親スターリンの与党・勤労者党による独裁政治が続いていた。だが、戦争賠償金の支払いやソ連軍の駐屯費負担などで経済状況が悪化し、１９５３年にスターリンが死去すると党内でも体制批判が募るようになった。

１９５６年10月23日、ソ連や勤労者党政権の支配に対する平和的な抗議デモが、国営放送の建物前での秘密警察とデモ参加者との衝突に発展した。市民公園にあったスターリン像が民衆の手によって足元から切り倒され、その頭部が路上に横たわった。秘密警察が銃弾や催眠ガスを民衆に放つ一方で、抗議者たちは警察の車に放火して対抗した。民主化運動が武力によって一掃される光景は、ＢＢＣテレビの毎晩の報道番組『ハイライト』でも報じられた。テレビの24時間ニュースは数十年先でないと始まらないが、この時に時々刻々の動きを伝えたのはラジオのニュースだった。

もう一つの国際紛争――スエズ危機

ハンガリー動乱と時期を同じくして、もう一つの世界的紛争が進行していた。スエズ危機である。第二次中東戦争とも呼ばれる一連の出来事をめぐり、ＢＢＣと官邸は真っ向から対立する。

１９５６年７月、エジプトのナセル大統領は、英仏が大株主となっていたスエズ運河会社を国有化し、通行料をダム建設の資金に充てると宣言した。かつてエジプトを保護国化していた歴史を持つ英国にとって、大きな衝撃である。中東は欧州、アジア、アフリカをつなぐ戦略的に重要な地域で、石油の供給や南半球と極東への貿易には運河が自由に使えることが必須だった。

イーデン英首相（在職１９５５―１９５７年）はフランスやイスラエルと協力し、エジプトに対して軍事行動を起こす極秘の計画を立てた。10月29日、イスラエルがエジプト・シナイ半島に侵攻し、スエズ運河に迫った。翌30日、英仏はエジプトとイスラエルに対し攻撃を停止するよう形式上の最後通牒を出した。極秘計画を知らされていなかった米国は、イスラエルに対しエジプトとの国境から即時撤収するよう求めた決議案を国連安保理に提出したが、英仏は拒否権を発動する。翌31日になって英仏軍は、先の侵攻を受けて封鎖されたスエズ運河の再開要求を口実とする形で、エジプトへの空爆を開始した。

国際的な危機を前に安保理の意思統一がとれない中、国連では米国主導のもと、11月1日に緊急の特別総会が開かれた。2日未明、戦闘の即時停止と攻撃を仕掛けた側の撤退を求める決議が採択された。

英国の大きな誤算は、「特別な関係」を持つと自負する米国が英仏の軍事作戦に反対姿勢を取るとは想定していなかったことだった。しかし、アイゼンハワー米大統領には、英仏の行動が植民地主義に根差した暴挙と映っていた。ナセル大統領を中東におけるソ連の影響拡大に対する防波堤と見なし、アラブに広がる民族主義は「健全な反帝国主義の活動」であり、運河の国有化も「自然な流れ」と見ていたのである。

英国が二分された日

スエズ危機をめぐって、英国内は攻撃を支持するかしないかで真二つに分かれた。新聞界は分裂し、下院では攻撃を支持する与党・保守党側と反対する野党側の間で激しい攻防が繰り広げられた。これがBBCにも飛び火する。イーデン首相は両方の視点を紹介するBBCの報道姿勢を不服とし、敵意をあらわにするようになった。

11月３日夜、イーデン首相は官邸からＢＢＣに出演し、エジプトでの軍事作戦への支持を国民に訴えた。最大野党・労働党のヒュー・ゲイツケル党首は、ＢＢＣに対し、翌日の番組で反論する機会を与えるよう求めた。国内の意見を正確に反映する方針を持つＢＢＣは妥当な要求と考えたが、イーデンは何とかしてこれを止めさせようとした。

ＢＢＣの編集幹部ハーマン・グリスウッドは官邸広報官から呼び出しを受けた。イーデン首相が野党側の意見を報じ過ぎるＢＢＣに激怒しており、「ＢＢＣを政府の直接の管理下に置くため、大法官に法的手段を指示した」と告げられた。大法官とは英国最高位の裁判官にあたる。報道機関としての編集権を失いかねない、究極の脅しである。

この時、ＢＢＣのディレクター・ジェネラルは海外出張中だった。経営執行部の上に存在し、代理の最終決定権をもつＢＢＣ理事会のアレクサンダー・カドガン理事長は、外務省の元事務次官。イーデン首相は外相だった時、カドガンの上司だった。管理下に置くための法的手段の準備が始まっているとカドガンに伝えれば、ゲイツケルの放送が中止されかねない――。そう予期したグリスウッドは官邸からのメッセージをカドガンに伝えず、代わりに理事会全体で決を採ることを提案した。結果、過半数がゲイツケルの出演に賛成した。

４日夜、ゲイツケルがＢＢＣテレビに出演し、英仏イスラエルによる大規模な侵攻は「侵略行為」で「犯罪に匹敵する愚行だ」と述べて、イーデン首相の辞任を要求した。

スエズ危機に付随する一連の出来事は、国の危機に際してもBBCが編集上の独立を保てるかどうかの試金石になった。グリスウッドによると、「両論併記」の方針を支えたのは、「国内の意見が割れた時に、これを反映させるのが私たちの役目」という強い意識だった。

国連では英仏軍撤退を求める声が高まり、ポンドも下落。スエズ運河の閉鎖で石油供給が滞り、これに対する不満も噴出した。英国は国際通貨基金（IMF）からの資金調達を目論むも、発言権の強い米国がこれに同意せず、政治的にも経済的にも窮地に陥った。11月6日、英仏は停戦を受諾。8日にはイスラエルも停戦を受諾した。実際に英仏軍が完全撤収したのは12月末、イスラエル軍の撤収は翌1957年3月である。イーデンは、1957年1月に首相を辞任した。

激変する英国社会

1950年代半ばから末までに戦時中に課せられていた品目の配給制度が終わり、貿易が活発になったこともあって、生活水準は急上昇した。英国は大量消費の時代に突入した。1958年、イーデンの後を継いだマクミラン首相の「これほどまでによい時代はない」との発言も、当時の国民の気持ちを代弁していた。

国家主導での福祉政策の実施、高等教育機関への進学率の上昇、消費ブームなどによって、それまでの英国を厳格に分けていた労働者階級、中流階級、上流階級の間の壁が次第に低くなっていくのもこの頃である。

１９４０年代後半からは、労働力不足を補うために政府が英国の植民地である西インド諸島や、インド、パキスタンなどインド亜大陸から移民を招き入れ、有色人種の住民が次第に増えていった。１９４７年にはインドとパキスタンが分離独立し、１９６０年代末までにはアフリカ大陸にあったかつての植民地のほぼすべてが独立国となった。西インド諸島でも１９６０年代前半から独立の動きが広がった。英国は旧植民地との緩やかな連合体「英連邦」の枠組みで関係を維持しながら、外交の重点は米国や欧州との関係強化に向かっていった。

消費と風刺――反体制の若者たち

生活水準の向上、消費ブーム、移民の到来などで社会が大きく変容する中、戦前までの伝統や行動様式に挑戦する文化が生まれてきた。１９６０年代になると、政治家や大企業の経営者、高級官僚、大学教授、医師など、一定の権威を持つと考えられてきた「エスタブリッシュメント（支配層）」に対する敬意の念が薄れていく。格式ばった作法や気取っている人、伝統的な考えにとらわれる親世代などが、風刺や嘲笑、批判の対象となった。

これは同時に、10代後半から20代の若者たちによる文化や習慣、価値観などが次第に社会全体に広がっていくことでもあった。これにともない、１９６０年には、17―21歳の男性を対象とした平時の徴兵制が廃止されている。大学に行かない若者の大部分が親と同居し、手にした収入のほぼすべてを仲間との交流、洋服や飲食、音楽、映画やダンス、スポーツ観戦などに使うようになり、それまでの伝統とは一線を画する流行が生まれていく。

若者文化の広がりや社会の変容を反映し、ＢＢＣも変わっていく。「窓を開けて、象牙の塔の堅苦しさを払拭したい」。１９６０年1月、新たなディレクター・ジェネラルとなったヒュー・グリーンは、就任の際にこう述べた。１９４０年に入社し、ドイツ語放送でキャリアをスタートさせたグリーンは、新たな時代に即した番組作りを奨励し、ＢＢＣの独立性維持のために闘った人物として職員から慕われた。

グリーン時代のハイライトの一つは、革新的な風刺番組『ザット・ワズ・ザ・ウィーク・ザット・ワズ（これが今週の動きでした）』が始まったことだ。１９６２年11月24日、土曜の午後10時50分に初放送された。司会者は、ケンブリッジ大学を卒業してまもない23歳の青年デービッド・フロスト。同年代の若い出演者とともに、その週に起きた出来事の論評はもちろん、歌やコントなども交えながら生放送した。

撮影中のテレビカメラが画面に映り、セットを変える様子も放送されるなど、視聴者には隠されていた内幕を見せる斬新さがあった。出演者が台詞をとちっても、あるいは間違えて別のカメラに向かって話していても、フロストが気に留める様子はなかった。政府、政治家、教会、結婚、性など、英国の文化が如実にあらわれる題材を論評し、笑い飛ばした。長い番組名は単語の頭文字をとって「ＴＷ３」と呼ばれるようになった。

ＴＷ３は、ラジオのコメディ番組『クレイジー・ピープル』（後に『ザ・グーン・ショー』と改名（１９５１―１９６０年））を先駆けとする、風刺ブームの動きの一つだった。その頂点は１９５０年代末から１９６０年代半ばである。けん引役となったのは、オックスフォード大やケンブリッジ大出身の作家、ジャーナリスト、パフォーマーたちだ。政治家たちは風刺対象にされても概ね「干渉せず」の姿勢を維持した。

しかし、１９６３年秋までにグリーンは方向転換をせざるを得なくなった。ＴＷ３内の風刺の鋭さ、番組の革新性に関して政治家を含むエスタブリッシュメント層から批判の声が上がり、膨大な苦情処理に追われるようになっていたのだ。「１９６４年に総選挙があるから」

という理由で、グリーンは１９６３年12月28日をもってＴＷ３を終了させた。

総選挙のある年にきつい政治風刺を行う番組は続けられないだろうという判断が、表向きの理由だった。他方で、あまりの苦情の多さに頭を悩ませていたＢＢＣの副理事長が、番組を停止しなければ辞任するとグリーンに伝えており、そうなるとディレクター・ジェネラルである自分も責任を問われて辞任せざるをえないと見ていたからという説もある。

「大いなる尋問者」

テレビのニュース報道にも新しい風が吹いた。エスタブリッシュメントに挑戦する司会者ロビン・デイの登場だ。

民放のＩＴＶ局向けにニュース番組を制作するＩＴＮに雇われた最初のニュースキャスターで、当時36歳。縁の厚いメガネと水玉のネクタイがトレードマークのデイは、英南部グロスタシャー州で生まれ、オックスフォード大学で学んだ。卒業後は弁護士の道に進んだが、まもなくジャーナリズムに鞍替えする。

デイの報道姿勢を強烈に印象付けた放送がある。１９５６年1月、ＩＴＮの初代統括編集長エイデン・クローリーがニュース番組を拡大させるか否かの方針をめぐって経営陣と衝突し、辞任した。辞任当日の夜、デイが司会を務める番組にＩＴＮの会長が出演すると、デイは単刀直入に「クローリーはなぜ辞めたのか」と聞いた。スタジオにいた制作スタッフやテレビの前の視聴者は度肝を抜かれた。政治家や組織のトップなど、社会の上層部にいる人に対する敬意がまだ根強い頃の話である。部下が組織のトップに大胆な質問をする、それも公の場で質問するのは、まさに権力への挑戦だ。視聴者が最も聞きたいことを聞く――これを何よりも優先するのがデイのスタイルだった。

１９５９年にＢＢＣへ移籍したデイには、いつしか「グランド・インクイジター（大いなる尋問者）」というニックネームがついた。「インクイジター」は、中世以降のカトリック教会で異端の疑いをかけられた者を裁判で尋問する「異端審問官」とも訳されるが、ここではインタビュー相手を厳しく問い詰めるようなジャーナリストを指している。組織のトップや政治家を相手に厳しく質問を重ねながら真実に迫るデイのジャーナリズムは、ＢＢＣのみならず英国の放送メディアの伝統になった。

音楽番組と「テレビの時代」

１９６０年代に入ると、ＩＴＶがポップ音楽を扱う番組を次々と成功させていく。ＢＢＣ

テレビはこれに対抗するため、10代の少年少女を惹きつけるような音楽番組を企画した。１９６４年1月に始まった『トップ・オブ・ザ・ポップス』である。

音楽チャートのランキング上位20曲のほか、これからランキングに入りそうな曲などを紹介した。ローリング・ストーンズ、ダスティ・スプリングフィールド、ビートルズなどがスタジオ内の舞台で演奏し、フロアにいる若者たちは音楽に合わせて踊る。番組が終わる直前、「今週最も売れた曲」の発表があり、スタジオ内の全員でカウントダウンするスリル感もたまらなかった。時代に合わせた放送は若い世代を中心に根強く支持され、２００６年まで続く長寿番組となった。

時代にフィットしたＢＢＣのイメージ作りに一役買ったのが、１９６０年６月29日、ロンドン西部ホワイトシティーにオープンした「ＢＢＣテレビジョン・センター」である。当時、世界最大のテレビ専用放送施設と言われた。アイデアに詰まった設計デザイナーが封筒の裏に書いた疑問符を原案にした。疑問符の円形部分を囲むようにスタジオが建設された結果、真ん中に広場ができた。後に、中央部分に穴がある「ドーナツ」というニックネームが付いた。

テレビセンターが完成する少し前、１９５８年には、ラジオとテレビの混合受信免許数は約８００万に達し、ラジオ放送だけの免許数を初めて超えた。受信料はラジオだけだと年間1ポンド、テレビとラジオだと4ポンドである。１９２０年代以来ＢＢＣの番組表を掲載してきた『ラジオ・タイムズ』は、この年からテレビ欄をラジオ欄の前に載せるようになった。いよいよ本格的にテレビの時代が到来した。

第3のチャンネルは誰のもの？

１９６０年、ＢＢＣの存立を定める王立憲章の更新まで後2年となった頃、政府は「第3チャンネル」の設置も含めて放送業界全体を調査する委員会を作った。委員長は英国産業連盟の会長も務めた実業家ハリー・ピルキントンである。第3チャンネルとは、ＢＢＣのチャンネルとＩＴＶ系列によるチャンネルの他に、もう一つ新設されるチャンネルを指す。

１９６２年に発表された委員会の報告書は、ＩＴＶ系列の放送局に厳しいものだった。商業テレビの大部分が「無価値」「表面的」「安っぽい扇情主義」で放送されているが、ＢＢＣは「何が良い放送かを知っている」。報告書はＢＢＣの王立憲章の更新や受信料制度を支持し、「第3チャンネルはＩＴＶ系列になる」という大方の予想とは逆に、ＢＢＣに新チャンネルの設置を提言した。ほかにも、カラー放送受信料の導入や、ＢＢＣによる地方ラジオ局の設置に関する提案も盛り込まれていた。

１９６４年４月20日、ピルキントン委員会の報告書を受けて新設されたチャンネル「ＢＢＣ２」が放送を開始した（これにともなって、元のチャンネルは「ＢＢＣ１」と呼ばれるようになった）。英国で３番目のチャンネルである。ただ、放送初日から思わぬアクシデントに見舞われた。テレビジョン・センターがあるロンドン西部をカバーする発電所が停電し、せっかく予定していた番組は放送されずじまい。翌日午前11時にようやく復旧し、子供向け番組『プレイ・スクール』が放送された。

１９６７年に始まった本格的なカラー放送も、最初の導入はＢＢＣ２である。７月の導入当初、カラー放送は１日に５時間のみだったが、12月までにＢＢＣ２の番組の80％がカラーとなった。ＢＢＣ１とＩＴＶ系列のチャンネルがカラー放送を開始したのは、１９６９年11月のことだった。

海賊放送が生んだラジオ新時代

１９６７年はＢＢＣラジオにとって節目の年となった。若者文化の浸透とポップ音楽の人気を反映し、ポップ音楽専門のチャンネル「ラジオ１（ワン）」を開設したのである。娯楽中心の「ライト・プログラム」は「ラジオ1」と幅広いトピックを扱う「ラジオ2（ツー）」の2つに分かれた。文化的な番組を流す「サード・プログラム」はクラシック音楽を中心とする「ラジオ3（スリー）」に、トーク番組を主力とする総合放送「ホーム・サービス」は「ラジオ4（フォー）」にそれぞれ名称が変更された。終戦直後からのチャンネル構成が変わり、新参の音楽番組が筆頭の「1」を冠した。

ラジオ1が始まるまでは、ピルキントン委員会の報告書でBBC以外のラジオ局新設が認められなかったこともあり、若者が音楽を聴くために向かったのは海賊放送だった。「ラジオ・キャロライン」（1964年―）や「ラジオ・ロンドン」（1964―1967年）などが人気を集めていたが、無論、これらは正規の放送ではなかった。政府から放送免許を得ず、国際水域に浮かぶ船や使われなくなった海上要塞から放送していた。

1967年8月、海上放送法の施行によって海賊放送が禁じられると、BBCは海賊放送のDJをBBCの新放送局に連れてきた。ラジオ・キャロラインでDJだったトニー・ブラックバーンがその一人。当時、25歳である。9月30日午前7時、ブラックバーンがマイクに向かって第一声を発した。「ラジオ1です。楽しんでいきましょう!」。新たなタレントの起用で、BBCは若者リスナーの心を掴んでいくことになる。

テレビを浄化せよ！

同時期、社会派ドラマの監督として知られるケン・ローチが演出したドラマ『キャシー・カム・ホーム（キャシー、家に戻ってきて）』が放送された。１９６６年11月の初回放送時、「アイスピックを脳に突き刺されたようだった」と１２００万人の視聴者の一人が感想を漏らすほど、衝撃的な番組だった。

このドラマでは、小さな子供を持つ若い夫婦キャシーとレグが貧困の末にホームレスとなり、子供が取り上げられてしまうまでが描かれた。ドキュメンタリーを思わせる作りのドラマで、それまではメディアが大きく取り上げてこなかったホームレス化の実態を丁寧に切り取っていた。

ローチはドラマが不自然にならないことを重視し、撮影現場に入ってから即興で物語を作ることも多かった。鉄道の駅で子供が連れ去られる場面では、その場にいた一般の鉄道利用者にはドラマ撮影であることが知らされず、ドラマに緊迫感を与えた。番組は好評を博し、その後数回にわたりＢＢＣ内の複数のチャンネルで再放送された。番組の反響を受けて、放送翌年にはホームレスを支援する団体「クライシス」が生まれている。

日常生活の現状を厳しく映し出すドラマや風刺コメディが人気を博する中、こうした番組で使われる言葉遣いや暗い現実の暴露に反発する動きが出てくる。ＢＢＣが「テレビ画面を通して数百万もの家庭に不信感、疑念、腐敗のプロパガンダを流している」として「クリーン・アップＴＶ」運動を始めたのが、中等学校の美術教師だったメアリー・ホワイトハウスである。１９６５年にはホワイトハウスの自宅で、放送倫理の向上を目指す「全国視聴者とリスナー協会（ＮＶＬＡ）」が結成される。

国内の意見は割れた。伝統的価値観を支持する層がいる一方で、学生や知識人は反発し、ホワイトハウスは風刺の標的となった。彼女の運動は社会の大きな変容に対する抵抗の意味もあったのかもしれない。

イングランドの初優勝――１９６６年のワールドカップ

戦後経済が次第に上向きになっていく１９５０年代から60年代を通じて、ＢＢＣは国民全員の好みに応える公共サービス放送として、幅広い番組を提供した。

例えば、１９５３年には最初のＳＦテレビドラマ『ザ・クォーターマス・エクスペリメント』を放送している。宇宙旅行から戻ってきた宇宙船にエイリアンに汚染された乗組員が交じっていたという展開の番組は話題を呼び、続編が作られ、映画化（１９５５年公開の『原子人間』）もされた。調査報道番組『パノラマ』（１９５３年）、教養系のラジオ４での朝の時事番組『トゥデー』（１９５７年）もこの頃に始まった。スポーツでは、サッカーファンを対象にした初のレギュラー番組で今なお人気の『マッチ・オブ・ザ・デー（その日の試合）』が誕生した。

英国のサッカーファンにとって特別な意味合いを持つのが、１９６６年のワールドカップ・イングランド大会の決勝戦で、７月30日に放送されたイングランド対西ドイツ戦だ。ロンドンのウェンブリー・スタジアムには９万６０００人の観客が集まり、自国の代表が臨む大舞台を見守った。ＢＢＣはＩＴＶ局と協力して試合を生放送し、３２００万人に映像を届けた。試合は延長戦にもつれ込んだが、イングランドのストライカー、ジェフ・ハーストによるシュートが決勝点となり、イングランドは西ドイツを降《くだ》して４対２で優勝杯を手にした。

『戦争ゲーム』の余波

若者文化が花開き、経済成長も著しい世の中ではあったが、時代は冷戦の最中である。１９５０年代以降、米国とソ連、そして英国も、原爆よりも大きな破壊力を持つ水爆の爆発実験を繰り返すようになった。米ソの対立が常態化する中、英国では核兵器による攻撃への危機感が高まった。核兵器撤廃運動を推進する団体「核軍縮キャンペーン（Campaign for Nuclear Disarmament＝CND）」が結成されるのは、1957年である。

核戦争が現実味を帯びる中、BBCのドキュメンタリー部門に雇用されたピーター・ワトキンスが『戦争ゲーム』と題された作品を制作・監督した。プロの俳優を起用せず、核攻撃を受けたら人々にどのような被害が生じるかを描いたドキュメンタリー風のドラマは、核兵器の恐ろしさを無残なまでに映し出した。

当初、1965年10月に放送予定とされていたが、ワトキンスの克明な表現のいくつかが問題視された。ドキュメンタリー部長はBBC理事長のノーマン・ブルック（在職1964—1967年）とディレクター・ジェネラルのグリーンに視聴してもらい、放送可能かどうかの判断を仰いだ。

その後ブルックは、内閣官房長官を始め、内務省、国防省、郵政省、そして軍の関係者にも極秘で番組を見せた。グリーンは海外出張中で不在だった。放送前の番組を部外者、しかも政治家に視聴させるのはBBCの方針に照らせばご法度である。結局、『戦争ゲーム』の放送は見送られることになった。BBC理事長のブルックは、1947年から62年まで内閣官房長官として政府の冷戦政策決定の中核にいた人物で、彼が放送禁止を決めたと言われている。出張から帰ったグリーンはブルックの決断に反対しなかった。

11月、グリーンは「熟考の上、放送中止を決めた」と発表した。「これはＢＢＣ独自の判断である。外部からの圧力によるものではない」。後のインタビューで、グリーンは「一人暮らしの人、高齢者、精神的な悩みを抱えている人への負の影響を懸念した」と述べている。

「ＢＢＣの判断で放送中止を決定した」が公式見解だったが、当時の郵政長官トニー・ベンは別の見解を述べている。１９６０年代当時、放送業は郵政長官の管轄下にあった。ベンによると「内相が放送するなと私に言った。そこで私はＢＢＣに放送中止の命令を出した」。

求めるべき「国益」とは何か？

ＢＢＣでは日の目を見なかった『戦争ゲーム』だが、公開する意義を確信した制作者たちは英国映画協会に話を持ちかけ、１９６６年4月、同作はロンドンのナショナル・フィルム・シアターを皮切りに複数の映画館で公開された。反響は大きく、１９６７年には米アカデミー賞最優秀ドキュメンタリー賞を受賞している。

『戦争ゲーム』事件をめぐって、ＢＢＣはあくまでも「編集上の懸念」による放送禁止であって、ＢＢＣの独立性は維持されたという姿勢をとってきた。そもそも、王立憲章によって存立が規定されているＢＢＣは「国益」のために行動することが期待されている。サセックス大学でメディアと文化の研究を行うオーバン・ウェッブ博士の分析によれば、この国益とは、一方ではクリエイティブな力を最大限に活かして視聴者のために番組を作ることだという。他方では、国民にパニックを発生させず、核攻撃を受けたらもうダメだ、と視聴者の不安を煽るようなことはしない、という意味にも解釈できるという。

ＢＢＣが『戦争ゲーム』をテレビで初放送したのは、当初の予定から遅れること20年後の１９８５年７月。広島への原爆投下から40年の節目の番組の一つである。野心的な報道番組を果敢に放送させたディレクター・ジェネラル、アラスデア・ミルンの時代である。

『モンティ・パイソン』のコメディ革命

新たな時代の波は政界にも押しよせてきた。１９６４年10月の総選挙では、ハロルド・ウィルソン率いる労働党が政権に復帰する。終戦直後に誕生した労働党の単独政権がチャーチルの保守党に取って代わられて以来、じつに13年ぶりの奪取となった。ウィルソンは当時48歳。前首相を務めた保守党の党首アレック・ダグラス＝ヒュームが61歳だったこともあり、若い指導者による新時代の始まりを印象付けた。

科学を重視したウィルソン政権の下、時代を反映したと言えるのが、1969年7月20日の人類による初めての月面着陸の放送だった。BBCは英国時間の夜中になる米アポロ11号の着陸時も含め、27時間連続での生放送を敢行する。英国内外で9000万近くの人がテレビにくぎ付けになった。

そんな1960年代の最後を飾ったと言えるのは、1969年10月に始まった『モンティ・パイソンのフライング・サーカス（空飛ぶモンティ・パイソン）』であった。放送時間は午後11時からで、実験番組的な扱いだった。

コメディ・グループの「モンティ・パイソン」は6人で構成されており、メンバーはジョン・クリーズ、テリー・ジョーンズ（2020年死去）、グレアム・チャップマン（1989年死去）、エリック・アイドル、マイケル・パーリン、テリー・ギリアムである（図9）。

番組は常識を打ち破るようなコントで構成され、イントロ部分にはアニメーターでもあったギリアムによるシュールなアニメがついた。最も著名なコントは「死んだオウム」で、ペット屋で買ったオウムが死んでいることに気づいた客が交換するよう求めるものの、店員はオウムが死んでいることを一向に認めず、延々と会話が続けられるという内容だ。

エスタブリッシュメントを茶化すという時代の雰囲気を体現した6人は、若者層を中心に

図9：モンティ・パイソンの6人。前列左からテリー・ジョーンズ、ジョン・クリーズ、マイケル・パーリン、後列左からグレアム・チャップマン、エリック・アイドル、テリー・ギリアム ©BBC

長年にわたって英国内外で人気を博すことになる。「時代の落とし子」的存在となり、音楽界のビートルズに匹敵するコメディ界の人材と言える。シリーズ終了後も、メンバーらはそれぞれコメディアン、作家、俳優としてキャリアを広げていった。

こうした人気番組にも支えられ、１９６９年時点でのラジオ専用及びラジオとテレビの混合受信免許数は約１８００万であり、当時の世帯数とほぼ一致するまでに到達した。国民のほとんどが何かしらの形でＢＢＣの放送に触れていたと言ってよいだろう。混合免許の中でカラーテレビ用は約10万件に到達した。ラジオのみの受信料は年間１・50ポンド、混合は6ポンド。１９７１

年からはラジオ放送を聞くための受信料の支払いが不要となった。

1969年3月、BBCに「新たな風」を入れるために尽力したヒュー・グリーンがディレクター・ジェネラル職を辞任する。時代が変わっていた。グリーンの後を継いだのは国際放送で経験を積んだチャールズ・カランである。次の時代のBBCには、多発するスト、受信料収入の減少、政府との衝突など様々な問題が待ち受けていた。

コラム③　バラエティの笑いと差別

「これは一体……」。米英で活躍する俳優デービッド・ヘアウッドは思わず言葉を失った。ＢＢＣの番組『デービッド・ヘアウッド・オン・ブラックフェイス』（２０２３年）の中で、顔を黒く塗った白人エンターテイナーたちが歌や踊り、寸劇などを繰り広げる過去の番組『ブラック・アンド・ホワイト・ミンストレル・ショー』の一部を改めて目にした時の反応である。黒人のステレオタイプを戯画化した番組は、有色人種のヘアウッドにとって侮辱であり、痛みでもあった。

「ブラックフェイス」とは白人が黒人のふりをするために顔を黒くすることだ。「ミンストレル」とは吟遊詩人を指す。１８２０年代、興行中のミュージシャンの出し物として米国で上演されたのを皮切りに、１８３０年代半ばには、アフリカ系米国人を戯画化した「ジム・クロウ」という登場人物を作ったことでも知られるトーマス・ライスが英国ツアーを開始した。英国でも人気を集め、後に黒人も登場し、ラジオ、テレビで放送されて映画化もされた。

ＢＢＣが『ミンストレル・ショー』の放送を開始したのは１９５８年７月。英政府は１９４７年、第二次大戦後の労働力不足を補うため、当時英領だったジャマイカなどの西インド諸島から移民たちを招いたが、その約10年後、白人住民と移民の有色人種との衝突があちこちで発生し始めた。放送開始の翌月にも、ロンドン・ノッティングヒルで白人貧困層の若者たちが移民の黒人住民を攻撃した暴動事件が起きている。

米国では１９５０年代以降、アフリカ系米国人による公民権運動が広がりを見せたものの、黒人と白人の対立事件は頻発していた。英国の視聴者はＢＢＣを通じて、米国での人種差別の状況を知り、英国内の人種差別をテーマにした『英国は人種差別的か?』（１９５５年）、ドラマ『太陽から来た男』（１９５６年）なども目にしていたが、その一方でゴールデンタイムに放送される『ミンストレル・ショー』の歌や音楽、寸劇に拍手喝采を送っていた。

小学生の頃に番組を最初に見たヘアウッドは、「なぜかは分からないが、本能的に『おかしいな』と感じた」という。それでも、ヘアウッドを含む多くの人が番組を見てジョークに笑っていた。侮辱的な表現をしているのに、なぜ笑ってしまったのだろうとヘアウッドは自問する。「侮辱している」「失礼だ」という批判は「娯楽だから」「野暮なことを言うな」「英米の演劇の伝統だ」などという声にかき消されてきた。

１９６２年、ＢＢＣの会計課にいた職員バリー・ソーンはテレビ部門のディレクターに送った手紙に、番組は「すべての有色人種の市民に対する侮辱だ」と書いた。ソーンはＢＢＣのニューヨーク支局で勤務経験があり、公民権運動の広がりを目にしてきた。担当者は、番組は「誇るべき英国の演芸場の伝統にかなっている」、ソーンの主張は「途方もないナンセンス」と一蹴した。

５年後の１９６７年、ソーンは再度手紙を書き、番組の放送停止を求めた。ＢＢＣ側は「あなたの意見には同意しない。すでに人種差別的な人がこの番組で汚染されるとも思えない」と指摘し、有色人種の人にはこう言いたいという。「あなたの言いたいことは理解した。しかしあなた自身のためにも、お願いだから黙っていなさい」。一連の手紙のやりとりは英南部レディング郊外カバシャム・パークにある「ＢＢＣ書類アーカイブセンター」に残されている。

番組は１９７８年に終了する。バラエティ番組というジャンルが視聴者に受けなくなってきたことが最大の理由だが、当時のBBC1の責任者ビル・コットンは「人種差別的意味合い」がすべての人に明確になった、と述べた。黒人ではない人が「自分は番組が人種差別的とは思わない」と言うかもしれないが、黒人の視聴者がどう思うかを考慮するべきなのだ、と。

第 4 章

「不和と対立の時代」

サッチャー政権とBBC

1970 – 2000

「不満の冬」へ

１９７０年元日、ＢＢＣは豪華絢爛な大型歴史ドラマ『ヘンリー8世の6人の妻』を主力チャンネルＢＢＣ１でカラー放送した。カラーテレビの放送は3年前にＢＢＣ２が先鞭をつけており、１９６９年にはＢＢＣ１とＩＴＶがこれに続いたが、カラー放送用の設備が全国で整うのは１９７０年代末のことである。ドラマが放送された時点ではラジオ用とモノクロテレビ用の受信免許が合計で約１５００万件だったのに対し、カラー放送を受信できるテレビは20万台ほど。せっかくのカラー映像を楽しめた視聴者は、まだそれほど多くなかった。

翌１９７１年には、後に労働党の政治家としても活躍する俳優グレンダ・ジャクソンがエリザベス１世を演じた『エリザベスR』が放送された。放送終了後、『ヘンリー8世』と『エリザベスR』の衣装は展示ツアーで英国内各地を巡り、多くの人の関心を集めた。ＢＢＣはこうした歴史ドラマを、商業活動の一環として海外向けにも放送するようになった。

きらびやかな衣装とドラマチックな展開に魅せられていた視聴者だが、１９７０年代初頭にはストの多発、失業者の増加、そして高インフレにも悩まされたほか、厳しい電力不足にも直面した。

度重なるストの原因は、政府と全国炭鉱労組（ＮＵＭ）との賃金交渉を巡る対立だ。第二次世界大戦直後のアトリー政権によって、英国の炭鉱業は国営化されていた。

　１９７２年１月、ＮＵＭは６週間にわたる全国ストを呼びかけた。１９６０年代以降は閉山が相次いでおり、雇用喪失への危機感や抑制気味の賃金に対する不満が労働者の間で蓄積していた。

　ＮＵＭはピケ要員を使って貯蔵石炭の移動を阻止し、発電所の操業はマヒ状態となった。当時、英国の電力供給は石炭を用いた火力発電に大きく依存しており、電力不足の危機を回避するため、政権側は大幅賃上げを認めざるを得なくなった。

　１９７３年10月には石油ショックが世界を襲う。原油価格の上昇を受け、英国のインフレ率はさらに悪化した。なおも賃上げを要求していたＮＵＭは全国石炭庁による賃上げ案を拒否し、同年11月、炭鉱労働者たちは時間外労働を停止した。エネルギー需給のひっ迫を回避するため、政府は非常事態宣言を発令し、電力使用を制限する緊急体制を敷いた。テレビ局も節電の例外ではなく、午後10時半には放送を終了するよう求められた。ＢＢＣとＩＴＶは時間を区切って交互に放送するなどして協力した。

　電力不足への対応策として、１９７３年末、政府は前代未聞の週勤３日制を導入する。病院や生活必需品を扱うスーパーマーケットは例外とされたが、一般企業は週に３日の勤務体制となった。暖房費節約のために毛布を体にまとい、ろうそくや懐中電灯の明かりを使って仕事をするような状態だったという。異例の節電体制は１９７４年２月まで続いた。

労使の対立が収まらない中、１９７４年３月、与党・保守党を率いていたエドワード・ヒースは「誰が英国を統治するのか。政治家かそれとも労組か」と啖呵を切って総選挙に踏み切った。しかし、保守党は過半数の議席を取れず退陣に追い込まれた。これを引き継いだ労働党政権も財政赤字や経済混乱に対して有効な手段を講じることができず、１９７６年、英国は国際通貨基金（ＩＭＦ）に39億ドルの緊急支援を申請することになった。ＩＭＦは貸し付けの条件として、大幅な財政削減を課した。その後もストの発生は止まらず、英国は「不満の冬」の時代に入った。「（われらが）不満の冬」とは、シェイクスピアの戯曲『リチャード３世』の冒頭の言葉である。

編集と財源をめぐる攻防

この頃にディレクター・ジェネラルを務めていたチャールズ・カラン（在職１９６９―１９７７年）は、前任者グリーンと同様に国際畑の出身だった。カランはＢＢＣが公共サービス放送として、国内では政治、社会、文化に前向きの影響を与え、国際的には英国のソフトパワーを高める上で重要な役割を果たすよう努めた。

冒険に満ちた１９６０年代と比べると、この頃のＢＢＣは英国の「エスタブリッシュメント」の一部として生き延びる道を選んだと言える。以前からのニックネーム「ビーブおばさん（Auntie Beeb）」が似つかわしくなった。古めかしい価値観にとらわれ、突飛なことを好まないおばさん（あるいはおじさん）という意味である。開局時の子供向けラジオ番組『チルドレンズ・アワー』の司会者が「おじさん（uncle）」「おばさん（antie）」として登場したことに由来すると言われている。「ビーブ」の方は１９５０年代のラジオコメディ『ザ・グーン・ショー』でコメディアンの一人ピーター・セラーズがＢＢＣを「ビーブ・ビーブ・ビーブ」と呼んだからという説などがある。いずれにせよ、こんどはＢＢＣが風刺の対象とされるようになった。

就任直後のカランにとって、最大の課題は予算不足をどうするかだった。１９６７年以来、ＢＢＣ２が稼働し、地方のラジオ局も開設され、歳出が膨らんでいた。しかも、１９７１年にはラジオ用の受信免許を廃止しており、収入が減少する厳しい状況だった。経費削減のためにラジオ部門の大整理を実行しようとしたが、職員の反対にあってほとんど実現には至らなかった。

インフレ率がうなぎのぼりとなっても、政府は受信料の大幅値上げに同意しなかった。カラーテレビの受信料自体は、１９７１年時点の年間12ポンドから25ポンド（１９７８年）へと倍以上に増額されていくが、インフレ率を踏まえた実質的な収入は下落した。これに加えてスポーツ番組の放送権が高騰し、人気タレントをめぐるＩＴＶとの争奪戦にも勝つ必要があった。

１９６９年、放送職員協会が初めてストを実行する。その後も散発的にストが続いたため、ＢＢＣ経営陣は職員の給与を上げざるを得なくなったが、これが時の政権の反感を買ったと言われている。公的部門の賃上げが抑制される中、ＢＢＣが値上げに応じるとは何事か、というわけである。当時は労働党が政権を握っており、首相はウィルソン。下野する前の第一次ウィルソン政権だ。

１９７０年の総選挙で事前の予想を裏切って労働党が敗退すると、ＢＢＣは調査報道番組『パノラマ』の枠で「イエスタデーズ・メン（時代おくれの男たち）」と題した回を制作した。「イエスタデーズ・メン」とは労働党が選挙中のスローガンとして保守党を指して使った表現だ。「保守党＝終わった政党」「労働党＝これからの政党」の意味を込めた。政治記者デービッド・ディンブルビーが企画し、突然政権を失った労働党幹部へのインタビューを行った。

ウィルソン元首相のインタビューの最中、ディンブルビーがウィルソンの回顧録執筆に触れ、新聞で報道された高額執筆料の真偽を聞くと、ウィルソンは烈火のごとく怒った。「庶民に近い政治家」というイメージを得ていたウィルソンにとって、高額報酬の指摘は容認できないものだった。「このインタビューが放送されたら、酷いことになるぞ」と捨て台詞を残した。

　インタビュー後すぐに、ウィルソン側は回顧録に関連する部分の削除を求め、ＢＢＣの経営幹部はこれを承諾。ディンブルビーを含む制作チームには相談がなかった。ウィルソン側の削除要求によって番組は再編集されたが、オンエア前日、ウィルソンの弁護士はなおも放送差し止めを要求した。

　時のＢＢＣ理事長は、ウィルソンが首相時代に任命したチャールズ・ヒルであった。ヒルは放送予定の番組を理事会が確認できるように取り計らった。番組編集には関与しないはずのＢＢＣ理事会が放送前の番組を視聴したのは、この時が初めてと言われている。さらなる編集が行われて、同番組が日の目を見たのは１９７１年６月。労働党が選挙で負けてからほぼ１年後であった。ディンブルビーはウィルソンにインタビューする機会を二度と与えられなかった。

１９７４年３月、首相に返り咲いたウィルソンは、ＢＢＣの資金源を受信料ではなくすべて政府からの交付金に変えると公言する。また、ウィルソン退任後に首相となったジェームズ・キャラハンは、ＢＢＣの影響力とその自治権を抑えるため、複数の組織に分割することを提案した。どちらの案も実現しなかったものの、世論形成に大きな力を持つ保守系大衆紙がＢＢＣ分割案に賛同し、反ＢＢＣの世論を煽った。

子供たちを虐待から救え

風向きが思わしくない状況にあっても、ＢＢＣは様々な番組を作り続けていた。

１９７３年、娯楽でもニュースでも男性が主導する番組が多い中で、女性がメイン司会者を務める番組がようやく生まれた。視聴者が日常的に困っている問題を取り上げて解決を目指す硬派な内容と娯楽要素とを混ぜた、40分強の番組『ザッツ・ライフ』である。メインの司会者になったのは、ＢＢＣでリサーチャーとして経験を積んできたエスター・ランツェン。ピーク時には２０００万人の視聴者を得たこともあり、社会への影響力は大きかった。

１９８６年、同番組による調査で子供の虐待が多数発生していることを知ったランツェンは、子供への危害を防ぐための番組『チャイルド・ウオッチ』の企画を提案した。企画は採用され、同年10月の番組開始時には１００人のボランティアが特設の電話番号にかかってくる電話に応対した。１日の相談件数は最大で８０００件にも上った。

番組はいじめや虐待、悩み事の相談を受け付ける子供専用のホットライン「チャイルドライン」の創設（１９８６年）につながった。英国での電話番号は０８００－１１１１。通話料は無料だ。２００６年以降は慈善組織「国家児童虐待防止協会（ＮＳＰＣＣ）」が運営している。現在までに、チャイルドラインは日本を含む世界１５０カ国で電話カウンセリングを行っている。ランツェンは、２０１２年に高齢者用の相談回線「シルバーライン」も立ち上げており、２０１５年には児童や高齢者への慈善活動の功績で、大英勲章第２位「デイム」を受勲した。

ゴリラとの遭遇——本格的な自然科学番組の誕生

この時期には、自然を題材にした優れた科学ドキュメンタリーも生まれている。

ＢＢＣ２の編集幹部にまで上り詰めたデービッド・アッテンボローが「生命の誕生から現在までの進化を伝えたい」と番組制作の現場に戻って作り上げたのが、３部構成の大作シリーズ『ライフ・オン・アース（地球上の生命）』である。初回放送は１９７９年１月で、アッ

図10：２匹のゴリラと笑顔のデービッド・アッテンボロー（1926年－）©Paul Williams/naturepl.com

テンボローはナレーターも務めた。ＢＢＣの「ナチュラル・ヒストリー・ユニット（自然史班）」が総力を挙げ、５００人以上の科学者にも協力を仰ぎながら3年の歳月をかけて30カ国での撮影を実現させた。

　最も著名な場面は、12回目の放送分にある。アッテンボローと撮影班はアフリカ東部のルワンダ山腹に陣取り、離れたところにいるゴリラを撮影していた。草むらに横たわっていたアッテンボローは、カメラに向かって話し出そうとした時、足元に若干の重みを感じた。見下ろすと、２匹の赤ん坊ゴリラが靴紐を緩めようとしていた。これでは話すにも話せないと思い沈黙すると、こんどは肩をトントンと叩かれた。振り返るとそこには、大きなメスのゴリラの顔があった。しばらくは体を触られるままにしておいたアッテンボローだが、ゴリラたちが離れた後で、這いつくばりながらカメラの前まで戻った。アッテンボローがゴリラに愛撫されながらも即興でそっと囁く様子は、テレビ史上に残る名場面の一つとなった（図10）。

「人間はゴリラを、攻撃的で暴力的な存在として描いてきました。しかし、ゴリラは決してそうではないのです。私たち人間こそがそうなのです」。アッテンボローはカメラに向かってこう述べた。これまでにも１９５４年のテレビ番組『ズー・クエスト（動物園探求）』を始めとして、自然や野生動物、環境をテーマにした企画にかかわってきたアッテンボローは、１００歳に迫ろうかという現在も、気候変動や環境汚染、そのほか人類を脅かしかねない変化から地球を救うための呼びかけを続けている。公共放送の枠の中で、数十年にわたってこうした番組を一貫して作り続けることの意義は大きい。

放送市場「独占」のゆくえ

広く英国の放送市場全体に目を向けると、その状況は１９６０年代前半から１９７０年代前半までの約10年間に大きく変わっていた。１９６４年に設置された新チャンネル「ＢＢＣ

2」は、当初ロンドン地域の視聴者向けに放送を開始したが、1974年には全国のほぼ全域で視聴可能になった。1972年に政府が放送時間の規制を解いたことで、BBCテレビの放送時間は1962―1963年の年間3380時間が、1973―1974年には3倍以上の年間1万7447時間にまで増えた。

全国展開のラジオ放送も大きく成長していた。BBCラジオの放送時間は、1962年からの1年では1万4700時間だったが、その約10年後には年間2万6000時間を超えた。1967年にはBBCが地方向けのラジオサービスを開始させ、1973年には商業テレビ・ラジオ放送の規制・監督組織「独立放送オーソリティー（IBA）」の認可を受けて、地域に特化した商業ラジオ放送が始まった。ロンドンに拠点を置くラジオ局LBCがその一つだ。IBAは、もともとITVの監督をしていたITAが、1972年にラジオ放送にまで管轄を広げて名称変更したものである。BBCは誕生時からラジオ市場を独占してきたが、これによってラジオでも他局と競争することになった。

市場の変化を鑑み、1974年4月に設置されたのが「放送の将来に関する委員会」である。委員長を務めたユニバーシティー・カレッジ・ロンドンのノエル・アナン総長にちなんで「アナン委員会」と呼ばれた。設置の発表は内相が行ったが、これは放送業の監督責任が、郵政長官（１９６９年に廃止）から郵政省に移管され、その後１９７４年３月から内務省に移されたためである。

アナン委員会は１９７７年３月末、５００ページを超える報告書をまとめた。「ＢＢＣとＩＴＶ系列という２つの放送業が市場を独占している」と指摘し、「放送市場はもっとオープンになるべき」と提案した。ＢＢＣ、ＩＴＶ以外の新たな放送局の設置推奨を受けて、「チャンネル４（フォー）」が放送を開始するのは、１９８２年である。

かつてＢＢＣ分割論を主張したキャラハン首相率いる労働党政権は、アナン委員会による提言を組み込んだ放送白書を１９７８年７月に発表する。しかし１９７９年５月の総選挙で保守党に敗れてしまい、放送改革は次の政権にゆだねられることになった。時代は激動の１９８０年代に向かっていく。

火種となる北アイルランド問題

「不和が生じるところには調和が、間違いが発生するところには真実が、疑いがあるところには信頼が、絶望があるところには希望が生まれますように」

１９７９年５月４日、総選挙で大勝を果たした保守党のマーガレット・サッチャー党首は手にした白いカードに書きつけた文章を読み上げて新政権樹立の思いを語った。13世紀にフランチェスコ修道会を創設した聖フランチェスコ（１１８１―１２２６年）による平和の祈りの一部である。「欧州の病人」と呼ばれた英国の汚名返上への期待がかかる、英国初の女性首相の誕生だ。

　融和的な祈りの言葉を発したサッチャーは、その後１９９０年まで、11年にわたる長期政権を維持することになる。この間、脱工業化の進展によるスト多発に悩まされ、賃金交渉を巡る労組との対決も先鋭化した。新自由主義的な経済政策の導入によって、ロンドンを中心に富が集積するイングランド南部と、脱工業化の打撃を受ける北部との経済格差が広がり、社会は分断に向かった。北アイルランドではテロが頻発した。南大西洋にあるフォークランド諸島での紛争や、政権によるＢＢＣへの執拗な攻撃など、対立に次ぐ対立の時代となった。

　政府とＢＢＣとの対立で火種の一つとなったのが、北アイルランドをめぐる報道である。アイルランド島の北東部６州から構成される北アイルランドは、１９２０年代に南部が英国から独立する一方で、英国に帰属し続けることを選択した地域だ。南部住民の大部分はカトリック教徒だが、北東部には圧倒的にプロテスタント系住民が多い。政界や警察など支配層のほとんどをプロテスタント住民が占め、長年、カトリック住民は差別的待遇を受けてきた。

1960年代になると、米国の公民権運動からヒントを得て、差別撤廃を掲げるカトリック市民の抗議デモが広がってゆく。治安維持のために出動した警察とデモ参加者との衝突が激化して、警察の手には負えなくなった。1969年8月には英本土から軍隊が派遣されたが、各宗派の民兵組織による暴力行為、テロ事件が過激化し、英軍への攻撃も頻発した。テロは英本土にも飛び火し、1998年の和平協定締結まで混乱が続いた。3700人以上の死者を出した紛争は、「トラブルズ（北アイルランド紛争）」と呼ばれるようになる。

紛争下、北アイルランド政府は特別権限法を使って、特定の印刷物の出版禁止、裁判を経ない拘禁、政治組織の違法化や外出禁止令などを実施した。1971年、BBCは民放の規制組織ITAとともに、北アイルランドについての番組制作時には経営幹部か規制組織が関与し、責任者の許可を得るよう定めた。

北アイルランドを扱ったBBCの番組はプロテスタント側、カトリック側の両方から批判され、撮影班は脅しや攻撃の対象となった。視聴者に多様な視点を紹介するのがBBCの役割だが、政府が「テロリスト」と見なすカトリック系民兵組織「アイルランド共和軍（IRA）」やその分派である「暫定IRA」の関係者を番組に出演させれば、「国家の敵に頭を下げた」「殺人者に無料で発言の場を提供した」と批判される可能性があった。

図 11：北アイルランドを訪れたマーガレット・サッチャー（中央）と夫のデニス（左）

サッチャー首相は英国本土にまで拡大した北アイルランドのテロを、個人的にも許しがたい、卑劣な行為として受け止めた（図11）。政権発足直前の１９７９年3月、友人の政治家をカトリック系民兵組織「アイルランド民族解放軍（ＩＮＬＡ）」によるテロで失っている。また１９８４年10月には、保守党の党大会出席のために宿泊していた南部ブライトンのグランド・ホテルで、対英テロ闘争を行っていたＩＲＡによるテロのターゲットになった。サッチャー夫妻は無事だったが、保守党議員を含む５人が命を落としている。

自由主義の大波

自由市場主義を信奉したサッチャーにとってＢＢＣは、教会、大学、官僚制、国営の国民医療サービス（ＮＨＳ）などとともに、消費者主権の原則を理解できない過去の遺物だった。

サッチャーはＢＢＣの放送受信料を強制的な税金と変わりないと見《み》做《な》し、これによって「肥大化した」ＢＢＣは、非効率的で自己満足的な公共サービスの最たるものと捉えていた。しかも、多くの人がＢＢＣのサービスを利用し、人気が高い。サッチャーにとって、ＢＢＣは「敵」だった。

歴代政府がＢＢＣの地位を弱体化させるために突くのが、お金である。ＢＢＣの主な収入源は視聴世帯からの放送受信料であり、自力の収入源を確保することで、時の政府や商業上の圧力から独立した立場を保てるはずだった。しかし、受信料の値上げ率を決めるのは担当大臣で、どの政府もこれを利用する誘惑には勝てなかった。

サッチャー政権が発足した１９７９年時点では、前政権のキャラハン労働党政権（１９７６―１９７９年）が受信料の値上げ率を非常に低く設定していたこともあって、ＢＢＣの財政はすでに厳しくなっていた。ライバルの民放ＩＴＶのように大きな予算をかけた大型ドラマの制作ができず、ＢＢＣは米国からの輸入に目を向けざるをえなかった。サッチャー政権は、ＢＢＣにはさらなる経費削減の余地があるとし、「受信料制度は永遠には続かない」と述べる閣僚もいた。

反ＢＢＣ感情の醸成に一役買ったのが、保守系新聞や新聞王ルパート・マードックだった。

彼は複数の新聞を所有しており、将来的には放送業に参入する野心も抱いていた。1985年1月、政府とBBCとの間で次の受信料設定に向けての交渉が続いていた時、マードックが所有する保守系高級紙『タイムズ』がBBCについての連載記事を掲載する。そこでは、BBCの規模は縮小されるべきで、複数に分割されるか、あるいは民間企業への買収も検討するべきであると提案されていた。

苦肉の紛争報道

BBCへの逆風が吹く中、サッチャー政権との対立を決定的にしたのが、1982年3月に勃発したフォークランド紛争である。フォークランド諸島は南大西洋のアルゼンチン沖に浮かぶ英国領の島々で、英国本土からは約1万3000キロ離れた位置にある。アルゼンチンの首都ブエノスアイレスからは約1900キロ。当時は約1800人が住み、中心都市は東フォークランド島東岸にあるスタンリーである。1833年以降は英国の海外領土の一つとなっていたが、アルゼンチンは独自に「マルビナス諸島」と呼び、その領有権を主張していた。

1982年4月2日、アルゼンチン側は総勢3000人となる侵攻軍の先発隊をスタンリー諸島に上陸させ、駐屯していた英海軍兵80人を制圧した。英国は空母機動艦隊を出撃させて反撃を開始し、両軍は激しい戦闘に突入した。６月13日、英軍がスタンリーへの全面攻撃をかけ、翌14日、アルゼンチン側は降伏する。停戦時までにアルゼンチン側は６５５人の戦死者を出し、英国側では２５５人の兵士が亡くなった。フォークランド諸島の住民３人も命を落とした。

ＢＢＣはアルゼンチン軍侵攻の気配をいち早く把握しており、ブエノスアイレスにいたラテン・アメリカ特派員が侵攻の第一報を伝えた。大戦中も活躍した、世界中のメディアに耳を傾けるモニタリング部門の情報を基に、ブエノスアイレスのほか、ウルグアイの首都モンテビデオ、チリの南端にあるプンタアレナスにも特派員らを既に配置していた。しかし、アルゼンチンから遠く離れた英国に情報を送るのは並大抵ではなかった。政府によってアルゼンチン軍上陸の正式発表がなされたのは、紛争開始から10時間後である。

当初、国防省はジャーナリストを派遣部隊に同行させることに難色を示した。しかし、官邸と国防省との交渉によってＢＢＣ、ＩＴＶ系放送局にニュースを提供するＩＴＮ、そして新聞各紙の記者など最終的には約30人に従軍報道が認められた。

各メディアを特に悩ませたのが、撮影した映像をどうやって英国まで届けるか。ＢＢＣテレビのブライアン・ハンラハン記者が同乗していた英海軍航空母艦「ハーミーズ」からは、衛星を使って映像を送ること自体は不可能ではなかったが、海軍は報道目的での通信機能の利用を許可しなかった。乗り継ぎ地点となるアセンション島には放送施設があったが、ひとたび艦隊が南大西洋に入り、物資を供給するヘリコプターの飛行可能範囲を超えると、音声での報道しか道はない。フォークランド諸島からアセンション島に戻る船団に映像記録を持って行ってもらうこともできるが、ロンドンに届くまでに最長で3週間以上かかった。ラジオの情報の方が早かったので、職場にも家庭にもラジオが戻ってきた。

紛争報道に際しては、放送内容の国防省による事前検閲も障壁となった。空、海、船上での軍事訓練や、軍の食事内容についての報道も禁じられた。厳しい制限が課せられる中、ハンラハン記者は独自の表現を見つけなければならなくなった。

1982年5月1日、夜明け。軍艦ハーミーズに乗船中のハンラハンは、ジェット戦闘攻撃機ハリアーがフォークランド諸島めがけて飛び立つ様子を目撃した。行き先はスタンリー飛行場だ。アルゼンチン空軍による迎撃を防ぐほか、アルゼンチン本国との輸送空路を断つことも作戦の目的だった。

ハンラハンはこう言った。「何機が作戦に参加したかの報道は許されておりませんが、私は全機の出発を確認し、全機の帰還を確認いたしました」。数の報道をせずに作戦の成功を伝える苦肉の策だった。「パイロットは全員が無傷で、元気一杯で、親指を上げて勝利を示しています」。ＢＢＣによるフォークランド紛争報道の中で、最も著名な例である。

「英国軍」か「わが軍」か

ＢＢＣが不偏不党を原則とするジャーナリズムに徹する一方で、フォークランド諸島奪回のために英国の武力行使を望む大衆紙の報道は、日を追うごとに愛国心に満ちたものになった。

５月２日、英原子力潜水艦「コンカラー」がアルゼンチン海軍の巡洋艦「ヘネラル・ベルグラーノ」に魚雷攻撃をかけ、撃沈させた。これを受けて保守系大衆紙『サン』は、１面の見出しに「やったぞ！　われらの若者たちが小型砲艦と巡洋艦を沈ませた」と書いた。

同日夜のＢＢＣの報道番組『ニューズナイト』の姿勢は、これとは対照的だった。司会者のピーター・スノーは視聴者にこう語りかけた。「どんな紛争の報道でも、いずれかの主張やそれに反する主張の正確さを見定めるべき時があります」「英国側が私たちに嘘をついたという例は明示できませんが、アルゼンチン側が明確に嘘をついたと言うことはできます」。

続けて、アルゼンチンによるハーミーズ破壊の主張が事実ではないと思われる根拠を挙げた後、「さて、どうしましょう? もし英国側を信じるなら、先に申し上げたように、信じるに足る十分な理由があるわけですが……」と続けた。

この放送で、スノーは英国を「わが国」と呼ばず、英軍を「わが軍」と呼ばなかった。BBCラジオ部門のニュース・時事問題編集者が出した注意文書（4月26日付）に沿った表現である。文書にはこう書かれていた。「『英国の』を意味する時、『わが・私たちの』という表現を使わないようにする」。「わが軍」と言うと、まるでBBCが政府を代弁しているかのように聞こえてしまうからだ。「私たちは英国ではなく、BBCである。『ブエノスアイレスの私たちの担当者です』と私たちが言う時には、BBC特派員について言及しているのであって、英政府の官僚を意味しているのではないことをリスナーが明確に分かるようにするべきだ」。第二次大戦や1950年代のスエズ危機の時にも、BBCは同様の方針を貫いてきた。

しかし、これはBBCの外では理解されなかった。『サン』紙は「私たちの中に敵がいる」として、BBCとスノーを名指しで批判し、保守党議員らも「国家反逆罪に匹敵する」と非難した。サッチャー首相は、議会で「英国とアルゼンチンを同等に扱い、中立的立場から取り上げるメディアがある」「侮辱だと思う」と述べた。

5月13日、ＢＢＣ理事会のジョージ・ハワード理事長（在職１９８０―１９８３年）とディレクター・ジェネラル代理が、保守党議員からなるメディア委員会に呼び出された。議員らはＢＢＣ側を質問攻めにし、「もっと大きな声で話せ」「立って話せ」から始まって、「番組にはぞっとした」「恥ずかしいと思わないのか」と怒気を含んだ叫びが続いた。会合が終わって部屋を出ようとしたハワードらに若い議員が近づいて、「売国奴」と言った。ハワードはかっとして、「いい加減にしろ！」と返したという。この場に居合わせたディレクター・ジェネラル代理は「この時から明確に、ＢＢＣと保守党政権の間に憎しみが生じた」と書き残している。

フォークランド紛争での勝利が追い風となり、サッチャー率いる保守党は翌１９８３年の総選挙に大勝した。自信を得たサッチャーは放送業の大改革を視野に入れた。１９８０年代後半、ＢＢＣはサッチャー政権との絶え間ない戦いに巻き込まれることになる。

伝説のライブ・エイド

１９８０年代は、ＢＢＣが公共サービス放送としての新たな役割を果たす時期でもあった。全国規模の募金を促す番組がその好例である。

ＢＢＣは１９２７年から貧困状態にある子供を救うための募金を継続的に呼びかけていたが、１９８０年11月、大掛かりな特別番組『ＢＢＣチルドレン・イン・ニード（助けが必要な子供たち）』を初めて放送した。ニュース番組の司会者や芸能界のスターが、寸劇や歌、踊りを披露した。番組はその後も定期的に放送され、２０１８年までに『チルドレン・イン・ニード』が集めた募金総額は10億ポンドに上る。

また１９８５年７月には、ＢＢＣの報道がきっかけとなって慈善コンサート「ライブ・エイド」が開催されている。前年10月、ＢＢＣのジャーナリスト、マイケル・バークは飢饉で苦しむエチオピアから現状をリポートした。これを見て大きな衝撃を受けた一人が、ロック歌手ボブ・ゲルドフだった。ゲルドフは知り合いのミュージシャンを集めて慈善目的のシングルを作ってヒットさせ、音楽関係者に働きかけてチャリティーコンサートの開催に尽力した。

コンサート会場となったロンドンのウェンブリー・スタジアムは満席となり、その模様はＢＢＣのテレビジョン・センターから世界１６０カ国の視聴者に届けられた。15億人が見たといわれている。ここで大いに観客を盛り上げたのが、ロックバンドのクイーンである。後年この場面は、映画『ボヘミアン・ラプソディ』（２０１８年）のクライマックスで再現された。

　同じく１９８５年、音楽ではなくコメディを通じてアフリカを含む世界中に住む支援が必要な人々を助けるため、慈善組織「コミック・リリーフ」が立ち上げられた。コミック・リリーフの慈善イベントは１９８８年2月からＢＢＣで放送され、著名コメディアンが寸劇を繰り広げながら募金を呼びかける様子が話題を呼んだ。この際、活動を周知するための目印を探していた関係者が思いついたのは、赤い鼻に似せた飾りを自分の鼻にくっつけること。どんなに気取った人でも、これを付ければ自分の姿に吹き出さずにはいられない。

　今も英国では、毎年3月の特定の日が「レッド・ノーズ・デー」とされ、募金番組が放送される。２００２年からは、同様の趣旨のスポーツ版「スポーツ・リリーフ」も始まった。

「おはよう」番組始まる

この時期には、今や定番となった「朝の番組」も始まっている。

　１９８３年1月17日、午前6時半。ＢＢＣテレビの朝の情報番組『ブレックファースト・タイム』が始まった。定期的な朝の番組は、欧州ではこれが初めてである。米国では『トゥデー』が１９５２年から始まっていたが、朝はラジオを聞く習慣が根付いていた英国で実現したのはその30年後だった。

その放送開始は、ＩＴＶ系列の放送局「TV-am」が『グッドモーニング・ブリテン』を始める２週間前である。TV-amで朝の番組を視聴する人がその日一日、民放のチャンネルをつけたままにすることを恐れての先回りだった。しかしこのような懸念は杞憂に終わった。初放送後、ＢＢＣには数千件もの好意的な電話が寄せられたからだ。

１９８０年11月の放送法によって新放送局「チャンネル４」が発足し、２年後の１９８２年から放送を開始していたが、当時、「２大ライバル」としてＢＢＣとしのぎを削ったのはＩＴＶだった。ＢＢＣは幅広い視聴者に強いアピール力を持つことを目指したが、ＩＴＶの連続ドラマ『コロネーション・ストリート』（１９６０年開始）に匹敵するような、国民的な話題となる「庶民のドラマ」に欠けていた。同番組はイングランド地方北部マンチェスターの架空の町を舞台に労働者階級の人々の暮らしを描く人気ドラマで、今なお放送が続く長寿ドラマである。

これに対抗してＢＢＣは、ロンドンの下町イーストエンドを舞台とする連続ドラマ『イーストエンダーズ』を企画し、１９８５年２月19日と21日に最初の２話を放送した。当初の視聴者１２００万人は、まもなく２０００万人にまで達した。英国の成人人口の約半分である。

予想外の展開で進む物語と下町に住む人々が繰り広げる人間ドラマに、視聴者は夢中になった。

番組はＨＩＶ、心の病気、ドメスティックバイオレンス、ドラッグ服用、教育格差、多文化主義などその時々の社会問題も織り込んだ。『イーストエンダーズ』は今も健在だ。月曜から木曜までの週4日、午後7時半から放送している。

ＢＢＣが民営化されなかった理由

1985年3月末、政府は翌月からの新たな受信料を年間58ポンドに定めた。前年比26％増ではあったが、ＢＢＣ経営陣が要求した41％増には届かなかった。同時に放送業の将来について新たな委員会を設置し、受信料制度と放送政策について調査させた。委員長は、スコットランドのヘリオットワット大学で経済学教授を務めるアラン・ピーコックである。自由主義経済の信奉者として知られていた。

1986年7月に公表された報告書は、ＢＢＣの民営化を願っていたサッチャー首相の期待を裏切り、広告収入の導入を見送る結論を出した。ＢＢＣでも広告が可能になれば、民放大手ＩＴＶとの間で視聴率競争が起き、高い視聴率が達成できないと思われる番組は制作されなくなる。広告の出稿先をめぐって競合が生まれれば、ＩＴＶの財政も圧迫される。委員会は、最終的に視聴者の選択の幅が狭くなることを懸念した。

しかし同時に、ＢＢＣの受信料制度が永遠に続くものとも規定していない。委員会の理想は、最終的に放送市場でも消費者主権が確立されることだった。視聴者（消費者）が見たい番組（ほしい商品）だけを個々に選択して代価を払って見る（購入する）形である。受信料の値上げ率は小売物価指数などインフレ率を測る指標と連動させ、かつ効率的な運営を目指すよう提案した。

報告書の狙いは、ＢＢＣとＩＴＶによる寡占体制を崩すことにあった。この2局のほとんどの番組は内部の制作チームが担当していたが、今後10年間で各放送局の番組の40％までを外部の制作会社に委託するよう勧告した。

ピーコック委員会の提言に基づき、１９８８年11月、自由主義経済の思想が反映された政府白書「１９９０年代の放送業」が発表された。ＢＢＣの財源については、当面は物価スライド制で現行の受信料制度を維持するが、将来的には任意加入のサブスクリプション方式に移行することへの期待が表明された。

放送白書の主眼は商業放送界の改革だった。民放の規制組織ＩＢＡを廃止し、代わりに

「インディペンデント・テレビ委員会（ＩＴＣ）」と「ラジオ・オーソリティー」という規制監督機関を新設する。これによって、ラジオ界とテレビ界の規制が明確に分けられた。

ほかにも、民放ＩＴＶなどの免許を競争入札にかける、地上波全国テレビに新たなチャンネルを開設する、番組の最低25％を番組制作会社からの供給で賄うことを義務付けるなど、白書が示したこのような方針は、２年後の１９９０年に成立する放送法に盛り込まれた。

インフレ指標に紐付けされた受信料は、実際には指標同様かそれ以下の上昇率に設定されたが、制作費の高騰もあって、ＢＢＣの受信料収入は実質的には目減りした。雇用は絞られ、ラジオ局の統合や番組の整理が行われた。

ミルン、登場――生え抜きのディレクター・ジェネラル

この時代のＢＢＣを考える上で、欠かすことのできない人物がいる。

１９５４年、24歳の若者が研修生としてＢＢＣに入局した。研修生の職に応募したのは約１１００人で、そこから選ばれたのは２人だけ。当初から、ゆくゆくは経営陣のトップにまで行き着くだろうと期待されての採用だった。その一人がアラスデア・ミルンである（図12）。

図12：初の制作畑出身ディレクター・ジェネラルとなったアラスデア・ミルン（1930－2013年）©Paul Popper/Popperfoto via Getty images

ミルンは１９３０年、英領インドでスコットランド人の両親のもとに生まれた。後に一家が英国に戻ると寄宿制の名門私立校ウィンチェスター・カレッジで学び、陸軍で徴兵義務をこなした後でオックスフォード大学に進学した。大学卒業と同時に同級生と結婚。当初は広告会社への就職を希望していたが、妻がＢＢＣの募集広告を見つけた。「放送業については全く無知」で、それでも「ほかによりよい選択肢がない」ので、応募した。

入局後、ミルンはラジオとテレビの両方で経験を積み、30歳で報道番組『トゥナイト』の編集者、そして１９６０年代の風刺ブームを代表する『ザット・ワズ・ザ・ウィーク・ザット・ワズ』のプロデューサーとして辣腕《らつわん》を振るった。１９６６年に一旦はＢＢＣを離れて独立したものの、２年後にはＢＢＣスコットランドの局長として復帰。制作畑から経営幹部の道に進み、１９８２年７月、イアン・トレトワンの後を継ぎ、ディレクター・ジェネラルに就任した。

制作現場から経営陣トップにまで上り詰めたのは、ミルンが初めてである。制作者時代に培った不偏不党のジャーナリズム精神を維持し、論議を呼ぶ番組作りにも寛容だったこともあり、ミルン時代のＢＢＣはサッチャー政権の格好の標的となった。

報道の自由はどこまで許されるか

１９８５年夏、ミルンとＢＢＣ理事会との間に大きな亀裂が生じる。ドキュメンタリー・シリーズ『リアル・ライブズ（現実の人生）』を巡る対立だった。人間の実生活を鋭く描くシリーズである。

この頃、ＢＢＣの熟練ドキュメンタリー作家ポール・ハマンは、北アイルランドの住民がなぜ極端な視点を持つ政治家に惹かれるのかを探ってみたいと考えていた。そこで『リアル・ライブズ』のシリーズの一つとして『アット・ジ・エッジ・オブ・ザ・ユニオン（統合の端で）』を企画した。

番組は、北アイルランド地方議会の議員として選出された2人の男性の日常生活を描く内容だった。一人は、南北アイルランドの統合を目指すシン・フェイン党に所属するマーティン・マッギネス。もう一人は、英国への帰属維持を主張する民主統一党のグレゴリー・キャンベルである。マッギネスは当時、民兵組織ＩＲＡの参謀総長と疑われていた。一方のキャンベルは、ＩＲＡに対する「殺害のための発砲を許容する方針」を公に支持していた。若い男性で、労働者階級に属し、教会に通い、家庭を持つという共通点を持ちながら、２人は政治的に正反対で、互いに対する暴力行使も辞さないと公言していた。

両者を題材とする番組を作るのであれば、当然、慎重な作業が求められる。これを熟知していたハマンは、ＢＢＣ北アイルランドの編集責任者たちと頻繁に連絡を取りながら、少しずつ歩を進めていった。マッギネスもキャンベルも、現地のラジオやテレビ番組には何度も出演しており、なにより政治家として公的な地位にある人物でもある。ハマンと制作チームは特に問題が生じるとは思わず、編集の最終段階を終えた。

放送予定日が迫った７月27日、米国を訪問中のサッチャーに『サンデー・タイムズ』の記者が聞いた。「ＢＢＣはＩＲＡ幹部のインタビューを放送する予定だが、許される行為か」。サッチャーの答えは「全面的に非難する」。

２日後、レオン・ブリッタン内相はスチュアート・ヤングＢＢＣ理事長（在職１９８３―１９８６年）に宛てた書簡を公表した。「ＩＲＡの中心人物を主人公とする番組は、国の安全保障に影響し、国益に反する」。政府が番組内容を「検閲する」つもりはないが、「テロは宣伝という酸素を得て成長する」「放送を許さないようにお願いする」と記されていた。
番組内容を事前に確かめていた経営陣は、若干の変更を加えれば放送可能とする結論を出していた。しかし、理事会も番組を視聴したところ、一人を除いて全員が「放送は不可能」と考えた。そもそも理事会は、個々の番組の編集業務には介入しないのが原則とされる。放送前に番組を確認すること自体が異例である。理事会はブリッタン内相に手紙を書き、「内相が番組の放送を禁止しようとしたのは間違っている」としながらも、番組を「このままの形では」放送できないという意見で一致したと伝えた。

サッチャー政権の「テロとの戦い」

この間、ミルンは海外で休暇中だった。ヤングからの電話で初めて番組の存在を知った。このような番組については、ディレクター・ジェネラルである自分には事前の報告があり、その許可を得て初めて放送に至るはずだった。また、理事会が放送前の番組を視聴したことも大いに気にかかった。何から何まで原則を無視している。
休暇明けに番組を視聴し、ほかの経営陣同様に放送可能と思ったが、この時には理事会が放送不可の結論を出していた。しかし、もしこれに同意すれば「ＢＢＣが政府の圧力に屈した」と見られてしまうだろう。

放送予定日の前日、ミルンは理事会と話し合う機会を持った。しかし、放送可能とするミルンやほかの経営陣と、不可とする理事会の見解は相いれないものだった。結局、放送は見送られることになった。放送が予定されていた8月7日当日、ミルンはヤングとともにブリッタン内相を訪問した。政府からの圧力には屈しないことを示す意味があった。この日、ＢＢＣの職員は放送取り止めの決定に怒り、24時間、ニュース報道の現場を離れている。ＢＢＣ北アイルランドのベルファストにある放送センターの外では、職員らが番組を録画したＶＨＳテープの映像を路上に置いたテレビで流して不満を表明した。

ミルンは同僚とともに声明文を準備する。発表された文書の中でミルンは、自分が率いる経営陣が今後も「真実を追求する」姿勢を維持すると明らかにし、番組を事前に視聴し、放送は不可と判断した理事会の姿勢を「遺憾」と表明した。

声明文は理事会を激怒させた。「理事たちを困難な状況に置いた責任を受け止めていない」（ヤング理事長）。これに対し、ミルンは「間違った決定をしたのは理事会の方だ」と返した。ＢＢＣ理事会の人選は事実上政府が決め、その理事会がディレクター・ジェネラルを選ぶ。

理事たちとミルンとの溝は、ミルンが辞職を考えるほど深いものになっていた。

結局、ミルンの指示で若干の編集を加えられた『アット・ジ・エッジ・オブ・ザ・ユニオン』が放送されたのは、当初の放送予定日から2カ月を経た10月16日だった。

サッチャー政権のテロとの戦いはこれで終わらなかった。放送差し止め事件から3年後の１９８８年秋、政府は北アイルランドのテロを支持する組織を念頭に、その代表者による発言をそのまま放送することに対して禁止令を出した。ここで名前を挙げられたのは、シン・フェイン党、非合法化された民兵組織や英国への残留を主張する団体の上部組織「アルスター防衛協会（ＵＤＡ）」など11組織。しかし禁止令の直接の目的は、シン・フェイン党の口を封じることだったと言われている。これを受けて、シン・フェイン党代表の声を俳優が吹き替えて放送するといった措置がとられた。放送禁止令はＩＲＡが停戦に合意する１９９４年まで続いた。

北アイルランドを巡っては、その後１９９８年に英国とアイルランドの間で和平合意が結ばれる。この合意の後に成立した北アイルランド自治政府で、シン・フェイン党のマッギネスが２００７年から17年に病死するまで副首相を務めた。『アット・ジ・エッジ・オブ・ザ・ユニオン』のもう一方の出演者であるキャンベルは、２００１年以来、民主統一党の下院議員として国政に進出している。

国防機密と報道の自由

サッチャー政権との対立でその立場を危うくしていたミルンは、ある事件をきっかけにBBCでの将来を絶たれることになる。それが、1986年から翌年にかけてのジルコン事件である。「ジルコン」とは、保守党政権が秘密裏に開発した偵察用衛星のことで、材料にケイ酸ジルコニウムが使われていることが名前の由来だ。冷戦を背景に、ロシアや欧州他国の通信を傍受するべく開発が進められた人工衛星で、1988年からの実用化を目指したものの、経費が掛かりすぎるという理由で最終的にプロジェクトは中止された。

1984年秋、国内外の国防関係者が購読する宇宙産業のニュースレターに英国の軍事衛星の建設計画がリークされた。このほか、製作を請け負った国有航空宇宙企業のリリースなどを手がかりに、国防を専門分野とするスコットランド人の調査報道ジャーナリスト、ダンカン・キャンベルは、政府が「通信衛星スカイネットの一つ」と詐称しながら偵察用衛星の開発に着手していることを知った。

1985年夏、キャンベルはBBCスコットランドで『秘密社会』と題されたシリーズ番組の制作を企画する。翌年春に企画の通過が確実視されると、まずは国防省にジルコン計画について問い合わせてみた。「ノーコメント」ではなく「全く聞いたことがない」という強い秘匿の気配を感じさせる返事にキャンベルは驚いた。国家予算は議会で承認を受けるが、この過程を素通りさせているのだろうか。キャンベルは『秘密社会』の中で「通信衛星ジルコン」を取り上げることを決めた。

企画にゴーサインが出て取材を開始すると、政府がジルコンの存在やその開発経費を極秘とし、国民ばかりか政治家、さらには下院の公費会計委員会にも隠していたことが判明する。１９８２年以降、国防省が大掛かりな予算を軍事費に充てる場合、この委員会に通知することが合意事項となっており、キャンベルはジルコンの開発がこの取り決めに違反しているのではないかと疑った。

１９８６年夏、ＢＢＣで放送予定の新番組のラインアップが発表されると、『秘密社会』がジルコンを取り上げることが広く知れわたった。国防関係者が抗議の声を上げ、理事会も国家の安全保障を脅かす恐れがあるとして懸念を表明した。

経営陣は国防省幹部と連絡を取り合い、ミルン自身が12月上旬、国内外の情報を収集する「政府通信本部（ＧＣＨＱ）」の長官とも会う機会を持った。経営陣らは年末までにシリーズすべてのラフカットを視聴し、ほかの回は若干の修正を加えれば放送可能だが、ジルコンを扱う回は難しいとの判断を下した。

　年明けの１９８７年1月、事態は急展開を迎える。18日付の日曜紙『オブザーバー』に「ＢＢＣが5億ポンドの国防機密にかん口令を出した」と題した記事が掲載されたのである。21日、政府の法律顧問である法務長官はキャンベルに対し、ジルコンの回について口外することを禁じる差し止め令を出したが、キャンベルは左派系政治週刊誌『ニュー・ステーツマン』（1月23日号）に「政府は巨額の国防費について公費委員会を通じて議会に通知する合意を破った」とする記事を書いた。記事は国防省及びＧＣＨＱの元職員らを情報源としていたため、公務機密法違反の可能性があるとして、法務長官はロンドン警視庁公安課にキャンベルを含む番組関係者の家宅捜索を命じた。

　ジルコンの回が放送されない見込みとなったことで、キャンベルは下院内での上映会を計画する。視聴を望む声は議員からも多かったが、国防省の官僚が異議を唱えたこともあり、下院議長が許可しなかった。上映会は下院外の別の場所で行われることになった。一連の出来事は衆目を集め、報道の自由、国益、ＢＢＣの立ち位置などを巡る大きな政治問題へと発展した。

ミルン、突然の解任

１９８７年１月29日、その年最初の理事会が開催された。テレビジョン・センターでの午前中の会議が終わり、昼食を摂るために廊下を歩いていたミルンは理事会の秘書に呼び止められ、理事長のオフィスに向かうよう伝えられた。部屋に入ると、理事長マーマデューク・ハッセーと副理事長ジョエル・バーネットが待っていた。

ハッセーは、病死した前任のスチュアート・ヤングの後を継いで理事長に任命されたばかり。１９７０年代は『タイムズ』紙の経営幹部で、サッチャー首相が「ＢＢＣを立て直す」ために推薦したと言われている。ＢＢＣの理事会は政治的な中立が保てるよう人選が行われるのが常だったが、１９８０年代後半までに、『タイムズ』の元編集長で副理事長（在職１９８１―１９８６年）となったウィリアム・リースモッグ、これを継いだバーネットなど、サッチャー政権支持派の顔ぶれが大半となっていた。

ハッセーはミルンに対し「今すぐここを去ってほしい。理事会で全会一致した」と告げた。ディレクター・ジェネラルの去就を決める理事会が、ミルンの辞職で合意したのだ。解任である。ミルンは驚愕した。「理事会で全会一致した」と繰り返したハッセーは「個人的な理由で辞任する、ということにしてよい」と続けた。突然の通告にミルンは言葉が出なかった。

それでも一枚の紙に辞任の意思を書き、それをハッセーに渡した。部屋から出て、秘書と経営幹部2人に事の次第を伝えた。

階下に降りて、お付きの運転手に家に連れて行ってくれるよう頼んだ。その日は夕方に出席するイベントがあったため、「何時にお迎えに上がりましょうか」と運転手は聞いてきたが、「後で連絡する」とだけ告げた。家に着くと、妻は外出しており、誰もいなかった。一人になってみると、ほんの数週間前に理事になったばかりの人もいる理事会に、何の説明もなく解任されたことに対する恥辱、怒り、絶望感が湧いてきた。後1年半も在任期間が残っていたのに。

30分後、運転手が手紙を持ってやってきた。ハッセーの署名入りだ。理事会がミルンの辞任を承諾したという内容だった。ミルンの自伝によると、残酷な解任による痛みが次第に和らいだのは、友人や同僚たちからの数々の激励の手紙があったからだという。

ミルン辞任の2日後、グラスゴーのストラスクライド警察がBBCスコットランドの事務所などで家宅捜索を行い、『秘密社会』に関連した資料などを持ち去った。ハッセーは政府に宛てて、番組には正当な公益性があり、その妨害に対しては司法に訴えるとする手紙を送った。後に資料はBBCに返却された。

問題視された番組は、全６部のうち４部が４月と５月に放送され、ジルコンに関わる回は翌１９８８年９月に放送された。内閣を扱った最後の１本はお蔵入りとなったが、後にチャンネル４がキャンベルとともに再構成し、１９９１年に放送された。

ＢＢＣは「ビジネス」、視聴者は「株主」

任期を残して退任したミルンの後を継いだのは、副ディレクター・ジェネラルのマイケル・チェックランドだ（在職１９８７―１９９２年）。ＢＢＣの財政部門の元トップで、ＢＢＣを「数十億ポンドのビジネス」、受信料を支払う視聴者を「株主」と呼んだ。チェックランドの就任によって、ミルン時代に悪化した政府との関係は次第に回復されていった。

その右腕となったのが、新たに副ディレクター・ジェネラルとなったジョン・バートである。ＢＢＣの経営幹部になる者は、イングランドの南部で生まれ育ち、プロテスタント系、中流階級出身が主流であったのに対し、バートは北部の都市リバプールの出身でカトリック教徒、労働者階級出身という異色の経歴を持つ。チェックランドがバートをＢＢＣに引き入れたのは１９８７年である。バートは当時、民放ロンドン・ウィークエンド・テレビジョンの編集幹部だった。報道番組の制作経験が豊富なバートの起用で、ＢＢＣに市場主義を取り入れることが狙いだった。

ラジオとテレビのニュース・時事部門を一元化する使命を与えられたバートは、就任後初めての編集会議でＢＢＣのどの時事番組が好きかと聞かれた。「正直に言うと、好きな番組は一つもない」。常々ＢＢＣの報道番組に不満を抱いていたバートは処方箋として、経済や社会についての高い専門性を持つジャーナリズムを実践する、事実の提示に留《とど》まらず分析にも力点を置く、歴史的に重要と思われる出来事にさらに焦点を合わせる、事前の企画構成や台本準備により時間をかける、などを掲げた。「ニュースが発生した時、その真実は入念な調査によって明らかになる」。ジャーナリストが自分の勘で嗅ぎまわる伝統的な手法だけでは十分ではない、と。

バートが強調したのは、編集幹部による厳格な管理体制の必要性だった。管理がしっかりしていれば、北アイルランドの政治家の生活を扱った『リアル・ライブズ』の時のような失敗はしないはずだ、と考えた。

そこで、統合されたニュース・時事部門の上に強力な権限を持つ重役会を置くとともに、専門知識を持つ記者を重視し、それぞれに専用のリポーター、リサーチャーを付けた。海外支局が拡大され、電子技術を利用しての情報共有を奨励した。

報道体制における管理を強化したバートの方針に、反発したジャーナリストは少なくなかった。「ジャーナリズムは事前に計画できるものではない」。インタビューの前に詳細な台本を作らせたことも失笑を買った。「経験豊富なジャーナリストにこんな奇妙なガイダンスを送るなんて」と報道番組のあるベテラン司会者が漏らした。

遺体の数を数える――湾岸戦争勃発

果たして、バートのジャーナリズムへの投資はどれほどの効果があるのか。試金石となったのが１９９０年８月、イラクのフセイン大統領がクウェートに侵攻して始まった湾岸戦争だった。

戦闘開始から5カ月後、フセインがクウェートからの撤退を拒否したことを受け、米英軍を中心とした「砂漠の嵐作戦」が開始された。１９９１年１月16日、ロンドン時間の午後９時50分、ペルシャ湾岸に配置された米国を中心とする多国籍軍の戦艦から首都バクダッドめがけて巡航ミサイルが発射された。以降43日間にわたって激しい空爆が続いた。

湾岸戦争の間、米国、ソ連、イスラエル、ヨルダンのＢＢＣ海外支局は拡大され、人数も増員された。記者たちは英軍の従軍記者となったり、ペルシャ湾に構えた王室海軍戦艦に乗船したり、サウジアラビアの首都リヤドや主要都市ダーランの司令本部で宿泊したりしながら報道した。従軍記者となれば国防省の規則に従わざるを得ず、台本を事前に提出する必要があった。地上戦が始まると、米国防省は48時間のニュース停止を課したため、スタジオでの分析や評論で放送時間を埋めざるを得ない場合もあった。

戦争開始が現実味を帯びる中、バグダッドにいたＢＢＣの特派員らに英政府から帰国命令が出された。しかしこれに従わない特派員2人は、バグダッドのアルラシードホテルに身を潜めた。偶然にも、ホテルの地下にはフセインの秘密の隠れ家があった。特派員たちは侵攻が始まる直前に衛星電話を持ち込んでおり、次の特派員が到着するまでこのホテルから報道を続けた。

午後9時のニュースは時間が拡大され、ラジオ4は長波放送では通常の番組、ＦＭでは1日17時間、戦争関連のニュースのみを流した。ＢＢＣが刻々と伝える大量の情報に辟易とする視聴者が出てきて、苦情も寄せられるようになった。

それでも、現場からの生の報告はＢＢＣの真骨頂と目されていた。１９９１年2月13日、バグダッド郊外アルアミリヤで連合国軍側の航空機が大きな民間シェルターを焼き、大量の死者が出た。アラン・リトル記者は惨事を受けてすぐに現場へと急行し、がれきから黒い煙が流れ出る様子、地元住民が家族や親戚の体をがれきから引き出してトラックに積み込む姿などを伝えた。犠牲者のほとんどが女性や子供たちだった。死者の正確な人数は分からなかったが、聞き取り調査では数百人に上った。

ＢＢＣが報じた死者数を、米政府は認めようとしなかった。「ＢＢＣ」は親イラクの「バグダッド・ブロードキャスティング・コーポレーション（バグダッド放送）」ではないかと言う者さえいた。

そこでリトルは新聞社の記者とともに、攻撃を受けた病院に再び向かった。２人で遺体の数を数えた。３１１まで数えて、止めた。自分の背よりも高く積み上げられた遺体は５体がバラバラで、どこまでを「１体」とするのかが分からなくなったからだ。リトルは入念な調査によって、死者が数百人であったという真実を検証して見せたのである。

２月24日に地上攻撃が始まると、その４日後にはフセイン軍は崩壊。湾岸戦争は終結した。

「余剰人員」を生んだ市場原理

湾岸戦争が勃発する少し前の１９８９年、ＢＢＣでは賃上げを求めるストが連続的に発生し、複数の番組が中断される事態に見舞われていた。ディレクター・ジェネラルに就任してからそれほど経っていないチェックランドは頭を抱えた。ライバル局に負けないほどの賃金上昇を実現したかったが、限られた財源で打てる手には限界があった。

1950年代以降、BBCのテレビ受信料収入は右肩上がりで上昇し続けた。カラーテレビの受信料はモノクロテレビの受信料の3倍で、初のカラー放送導入の1967年以降、1970年代半ば頃まで、受信料収入の実質値上げ率は前年比で平均4％の水準を維持していた。しかし、1980年代も半ばになるとカラーテレビの普及が一段落する。ピーコック委員会の報告書を受けて、1988年から政府は値上げ率を小売物価指数と紐付けるようになり、受信料の値上げ率は鈍化していった。潤沢な予算で番組を制作する時代は終わった。

BBCの存立を定める王立憲章は、1996年に期限が切れることになっていた。更新を機に受信料収入を大きく拡大させることを狙ったチェックランドは、局内で小規模のチームを発足させ、経費削減計画と将来の資金繰りについての調査を命じた。

1992年11月、チームによる最終報告書「選択の拡大――新放送時代におけるBBCの役割」が発表された。商業放送では十分にカバーされない分野に注力することによって、あらゆるニーズの視聴者に高い水準の番組を提供することを狙ったものだ。具体的な分野としては、ニュース報道や事実を基にした番組、娯楽、教育に加え、国外に向けて英国の生活や価値観を反映した番組などが挙げられた。

これと並行して、１９９３年４月には、バートが中心となって「プロデューサー・チョイス（制作者の選択）」という仕組みが導入された。局内に「内部市場」を作ることが目的で、全部門を数百レベルの個別の「ビジネス・ユニット」に分け、番組、スタジオの利用時間、文房具などそれぞれが必要とするサービスを売買し合うシステムだ。局内で調達できない場合は外部のサービスを購入できる選択肢も入れた。十分な需要がないユニットは「過剰資源」と見なされ、廃止されることもあった。制作現場にも市場原理が持ち込まれたことで、１９９０年代の終わりまでに約１万人の職員が「余剰人員」としてＢＢＣを去った。

システム開始に先立つ１９９２年12月、バートがディレクター・ジェネラルに就任する。翌年１月の就任演説では、高い質と独創性を持つ番組を制作すること、「プロデューサー・チョイス」のような効率的な経営によって、受信料に見合う価値を視聴者に提供すること、ＢＢＣをより開かれた組織とすることなどを約束した。

公共サービスだけでも、商業活動だけでもなく

受信料ではなく政府交付金によって運営されるＢＢＣの国際放送は、英国政府にとって、

冷戦時代には大きな影響力をもつ武器の一つでもあった。冷戦終了後には、このまま政府交付金の投入を続けるべきかという疑問が出てくるようになったものの、依然として国外に英国をアピールする役割を担うことになった。

「国際放送（エクスターナル・サービス）」は、１９８８年に「ＢＢＣワールドサービス」へと改名された。名称を「ワールド（世界）」に変えたことで、世界に広がるサービスというイメージを与えた。１９９１年には独自の衛星テレビ放送を開始し、第一次湾岸戦争が終結すると、「ＢＢＣワールド・サービス・テレビジョン」を開始。１９９５年、これを「ＢＢＣワールド・ニュース」と名付けて刷新した。

１９９４年にはテレビでもアラビア語放送を開始し、サウジアラビア王家が所有する民間企業から出資を得た。しかし、サウジアラビア政府に批判的な論調で報道したことで、放送が続かなくなった。この時の職員の多くが、後にカタール政府が立ち上げた衛星テレビ「アルジャジーラ」（１９９６年開局）に参加。皮肉にもアルジャジーラは、中東におけるＢＢＣのライバルとして成長していく。

１９９４年７月、新たな放送白書「ＢＢＣの将来――国民に奉仕し世界で競う」が公表された。白書はＢＢＣを英国の放送業の中心的な存在として位置付けるとともに、商業活動にも力を入れるよう奨励するものだった。商業活動と公共サービスの会計を明確に切り離すよう求めた上で、商業活動は英国の放送関連の輸出に貢献し、自国の主張や文化などを世界に発信することに寄与する、とその役目を明確にした。１９９７年からの王立憲章は２００６年まで更新されたが、受信料制度は最初の５年間のみ、そのまま続くとされた。

この頃のＢＢＣは、放送受信料を原資とする国内向け放送と、海外向けに番組や放送権を販売する商業活動との両輪からなる運営体制にあった。商業活動から得られた収入は国内向けの番組作りに投入された。これに政府交付金による国際放送を加えた3層構造となる。サッチャー政権からメイジャー政権（１９９０―１９９７年）、労働党のブレア政権（１９９７―２００７年）を経ても、この3層構造は変更されなかった。

商業活動を行う「ＢＢＣエンタープライズ」は１９９５年に「ＢＢＣワールドワイド」と改名し、収益の大幅増大を目指した。同年、ニュース報道のチャンネル「ＢＢＣワールド・ニュース」を補完する存在として「ＢＢＣプライム」を立ち上げ、欧州、アフリカ、アジア地域の視聴者向けに幅広いＢＢＣの番組を提供した。米ディスカバリー・コミュニケーションズと提携してドキュメンタリー番組を制作・販売し、98年からは「ＢＢＣアメリカ」チャンネルで米国の視聴者向けにＢＢＣの番組を放送した。

サッチャー政権が推進してきた民営化と規制緩和の波が放送業界にも押し寄せてきた。１９９０年施行の放送法である。

新たに制定された放送法は、民放の競争を促進させることが主目的だった。英国第５の地上波テレビの創設が認められ、チャンネル・ファイブ・ブロードキャスティング社が放送免許を取得する。１９９７年に「チャンネル５」が開局したことで、先に始まっていたウェールズ語放送「Ｓ４Ｃ」（１９８２年開始）と合わせて、現在も続く英国の５大主要地上波テレビ局が顔を揃えた。

この５つの地上波テレビ放送局とＢＢＣのラジオ放送が「公共サービス放送」、つまり公共放送の枠組みに入る。英国の「公共放送」とは、その組織形態や収入源の違いによらず、公益のために放送コンテンツを提供するサービスを指し、誰もが放送を享受できる「ユニバーサル・アクセス」、ニュース・時事番組での「不偏不党」、政府や政治圧力からの「独立性」を柱とする。

開局直後こそ話題を呼んだチャンネル５だったが、その勢いは長続きしなかった。多チャンネル化の進展でライバルが増え、差別化に苦労した。その上に、ちょうどこの頃、新しいメディアが誕生し、チャンネル５ばかりか、どの放送局もサービス内容の再考を迫られた。

インターネットがやってきた

「古いメディアは廃れていく」「無重力の電子のかけらが、全く新しい、ヴァーチャルな新聞や娯楽を生み出していく」。１９９０年代半ば、世界経済フォーラム「ダボス会議」で計算機科学者ニコラス・ネグロポンティの話に耳を傾けたＢＢＣのディレクター・ジェネラル、ジョン・バートは大きな感動を覚えた。米マサチューセッツ工科大学のデジタル技術研究所「メディアラボ」の創設者ネグロポンティは、インターネットの勃興とともにメディアの未来が大きく変わる構図を描いてみせた。

１９９７年夏、バートは先端テクノロジーを用いたビジネスの現場を視察するため、マイクロソフト創業者ビル・ゲイツなどを訪ねるため米国に出張した。インターネットが生み出す「全く新しい世界」に魅せられたバートは、「これこそが大きな目玉になる。世界を変える。ＢＢＣはその中心にいるべきだ」との確信を強めていく。

ＢＢＣ本社に戻ったバートは２６０万ポンドをかき集め、オンラインサービスの発展に投入した。職員の中には自分が担当する分野の削減を懸念する人もいたが、開発を担当する若い技術者たちとの親睦会を何度も開催し、ネットの可能性への理解を深めていったという。

この流れのなかで、１９９７年11月に英国内向けのニュース専門チャンネル「ＢＢＣニュース24」（現「ＢＢＣニュース」）が立ち上げられる。その名称が示すように、24時間の放送を目指しての設立だった。12月15日には、ＢＢＣニュース・オンラインが正式に始まる。テレビの定時ニュースは、ウェブサイトからもストリーム放送されるようになった。

英国で途切れることなくニュースを流すテレビチャンネルができたのは、１９８９年にさかのぼる。衛星放送スカイ・チャンネルの一つ、スカイ・ニュースが最初だ。２年後にはＢＢＣも海外向けのニュース・チャンネル「ＢＢＣワールド・サービス・テレビジョン」で追随したが、国内向けは１９９７年から。１９９０年代半ばからは新聞紙もウェブサイトを開設し、各種メディアで24時間の報道体制が確立していく。

ＢＢＣがオンラインサービスを拡充するには相応の資金が必要となったが、受信料の値上げ率は鈍化していた。１９９０年代初頭までに実質的な増額は年間３％に減少し、１９９０年代後半には１％前後にまで落ちた。

しかし、１９９７年５月に保守党から政権を奪回した労働党政権が、ＢＢＣに朗報をもたらす。所轄の文化相が、２０００年からはインフレ率に１・５％を上乗せする値上げを確約したのである。その代わりに、ＢＢＣは英国のデジタル・インフラの構築に協力する役目を担うことになった。

２０００年、一代貴族の称号を得たバートは任期終了前にＢＢＣを去った。王立憲章を無事に更新させ、受信料制度の継続も確定させた。局内改革を率先したバート時代の戦略が成功したとする評価がある一方で、官僚主義が横行し、経費削減、制作者選択制度の煩雑さなどの弊害も指摘された。政府との対決を避けようとするあまり、論争を呼ぶようなテーマを扱った番組を自ら放送中止とした場合もあった。

バートの後を継いだのは、テレビ番組制作会社大手ピアソン・テレビジョン（現フリーマントル）の最高経営責任者兼会長グレッグ・ダイクである。ダイクは明るく、気さくな人柄と官僚主義を嫌う経営スタイルを実践し、職員から慕われる数少ないディレクター・ジェネラルの一人となった。

第 5 章

「SNS時代」のジャーナリズム

デジタル革命とBBC

2000 − 2022

「どこにでもいる普通の男」の新しい時代

２０００年１月１日。時計の針が午前０時を回った。ロンドン南東部グリニッジビレッジに建設された「ミレニアム・ドーム」の中では、２０００年の到来を祝うイベントが行われていた。エリザベス女王、王室のメンバー、トニー・ブレア首相（在職１９９７―２００７年）とその妻シェリー、著名人らが祝杯をあげ、手をつないでスコットランドの民謡「オールド・ラング・サイン」を歌った。日本の卒業式などで歌われる「蛍の光」の原曲である。

ＢＢＣは、元日から『２０００トゥデー』と題された特別番組を18時間連続で放送した。世界各地から年明けを祝う映像が送られてきた。特番は日本のテレビ朝日を含め海外の放送局で中継され、世界で８億人が視聴した。

ＢＢＣの経営も新たな時代に入った。商業テレビ界で活躍してきたグレッグ・ダイクが新たなディレクター・ジェネラルに就任したのである（在職２０００―２００４年／図13）。ダイクは中等教育終了後、地元の新聞社で経験を積み、ＩＴＶ系民放大手ロンドン・ウィークエンド・テレビジョン、朝の情報番組で知られるTV-amといった放送局でキャリアを築いた。富裕層が子弟を預ける私立校「パブリックスクール」には行かず、オックスフォード大学やケンブリッジ大学出身でもない、しかもＢＢＣでの職歴すらもたない自称「どこにでもいる普通の男」が、約２万４０００人の職員を抱える大組織のトップに着任した。

ダイクが真っ先に取り組んだのが、組織の活性化によるＢＢＣの改革だ。前任のバート時代に構築された幾層にも連なる指揮系統の整理、リスク回避を最優先する官僚主義の打破、コスト感覚の導入、デジタル戦略の強化、職員の多様性確保、そして地方重視を柱とした。

就任後まもなく、ダイクはＢＢＣ１の午後９時の定時ニュースを１時間遅らせて、午後10時からの放送にすると発表し波紋を呼んだ。定時ニュースが午後９時からだと、特に視聴者の多いゴールデンタイムが十分に活用されない。またこの時、ライバル局のＩＴＶが午後10時からの定時ニュースを遅らせる予定だと発表しており、ＢＢＣはこの枠のニュース報道を独占できる。ダイクはこれを大きなチャンスと見た。

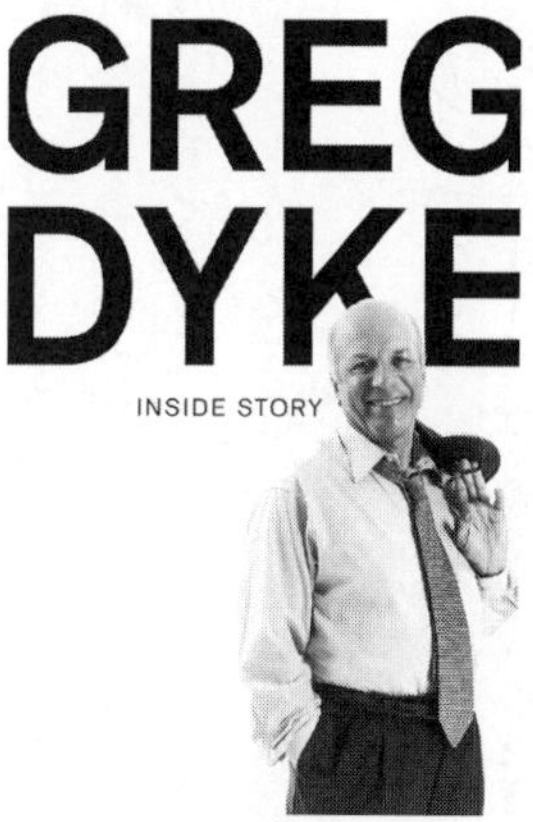

図13：21世紀最初のディレクター・ジェネラルとなったグレッグ・ダイクの回顧録

しかし、時の文化相はこれに反対した。知識人も、ニュースではなく娯楽番組を代わりに放送するのであれば、「堕落だ」と批判した。ダイクはこれにひるまず、翌年からの変更予定を10月に前倒しした上で実施の２週間前になって号令をかけた。準備期間の極端な短さに職員から不満が出たが、なんとか間に合わせた。ダイクはこの出来事を評して「最大の功績は、ＢＢＣ職員全体に『大きな組織でも早く実行しようと思えばできるのだ』と思わせたことだ」と自伝で語っている。

ダイクの大改革

ダイクの方針が広く職員全体に浸透するまでには時間がかかった。職員の間には、お互いへの信頼感、共同作業をしているという意識が薄く、管理職も改革のリスクを避けようとしていた。そこで開始したのが、２００２年の局内活性化プログラム「一つのＢＢＣ――メイキング・イット・ハプン（実行に移すこと）」だ。クリエイティビティを発露させ、視聴者とより深く結びつくために、職員一人ひとりが行動を起こす。リスクを取ることを恐れず、「とにかく実行に移すこと」。全職員にメッセージを送るとともに、「カット・ザ・クラップ（馬鹿げたことを止めろ）」と書かれた黄色いカードを作り、議論が行き詰まった時などに出せるようにした。サッカーのイエローカードを模したものである。

職員を集めて、自分たちの仕事について話すセッションも開始した。ダイクは各部署を訪れ、昼食はＢＢＣ内の食堂でとった。自分の番が来るまで並んで列を作る職員と話すためである。職員とのコミュニケーションを重視し、職員宛てのメールには最後に「グレッグ」とファーストネームを書き、内部向け放送も頻繁に行った。職員一人ひとりが自分とコミュニケーションを取っていると感じてもらえるように苦心した。

ダイクは改革の一環として、デジタル化の推進にも力を入れた。まず海外視聴者向けの有料デジタル・チャンネルを整理したほか、国内の視聴者には6歳から12歳までの子供を対象とする「ＣＢＢＣ」と6歳未満用の「CBeebies」、若者向け「ＢＢＣ３」、文化チャンネル「ＢＢＣ４」を新設した。ラジオでは４つのデジタル・チャンネルを開始させ、アジア亜大陸（インド、パキスタン、バングラデシュなど）出身のリスナーを対象とする「エイジアン・ネットワーク」を全国展開させた。

１９９０年代以降、衛星放送事業者「ＢスカイＢ」が運営する有料契約制チャンネル「スカイ」の登場で、ＢＢＣやＩＴＶの視聴者数は減っていた。そこで有料放送に対抗させるつもりで、無料のデジタル放送「フリービュー（Freeview）」の創設にも奔走した。最終的にＢＢＣ、ＩＴＶ、チャンネル４、チャンネル５、さらにはＢスカイＢも参加し、２００１年秋から稼働させた。セットトップボックス（発売当初は99ポンド）を買って設置するだけでデジタルの番組が視聴でき、追加費用がかからないこともあって利用者は増えていった。

情報提供者の自殺――イラク戦争の勃発と誇張文書の波紋

社内改革を進めていたダイクは、就任から3年半で未曽有の危機に直面する。２００３年のイラク戦争がそのきっかけだ。英国の参戦を決定的にした政府文書をめぐって、ＢＢＣがブレア労働党政権と激しく対立したのである。

開戦前、国内では反戦論が強く、数百万人が参加する抗議デモが何度も発生した。反対の声を説き伏せるため、政府はイラクの脅威を詳述する文書「イラクの大量破壊兵器――英政府の分析」（２００２年９月）を発表した。内閣府・統合情報委員会の情報を基にしてまとめられたもので、イラクは国連安保理決議が違法とする大量破壊兵器を開発・製造し続けており、生物科学兵器においては「命令から45分以内に配備できる」と説明した。

２００３年３月20日、米英を中心とする多国籍軍によるイラクへの空爆でイラク戦争が始まった。まもなくイラク・フセイン政権は崩壊し、５月、ブッシュ米大統領が「大規模戦闘終結宣言」を出す。この時点でも大量破壊兵器は見つからなかった。

２００３年５月29日午前６時。ＢＢＣラジオ４の朝の報道番組『トゥデー』が始まった。

定時ニュースが流れた後、イラクでの取材経験を持つアンドリュー・ギリガン記者が話し出し、政府文書の信ぴょう性に疑問を投げかけた。文書には大量破壊兵器を「命令から45分以内に配備できる」と書かれていたが、この点について「政府は文書に入れる前に間違っていると知っていた」、文書発表直前に官邸が統合情報委員会にイラクの脅威を「もっと誇張する（sex up）ように」命令したと話した。情報源は「文書作成の責任者である高級官僚」とも明かした。

このリポートをBBCのスタジオに向かうタクシーの中で聞いた番組編集長のケヴィン・マーシュは、思わず悪態をついていた。番組開始まもなくの午前6時台では、記者はマーシュなどが目を通して承認した台本を基に司会者と「ツーウェー（双方向）」でリポートのさわりを紹介する。午前7時台では本格的なリポートとなり、いずれの場合でも台本に忠実に伝えるはずだった。

しかし、ギリガンによる実際の報道は「ええと」「ウーム」などの言葉が多く入って聞きにくかったばかりか、情報源が「政府の文書作成にかかわった人物」から「文書作成の責任者」と言い換えられ、リポートの核心とも言うべき「45分以内に配備できる」の箇所を説明する際には、「疑問符が付いていたが」と述べるはずのところで「間違っていると知っていた」と表現していたからだ。

自宅からラジオ出演していたギリガンに厳重注意しなければと思いながらオフィスに入ると、部下が官邸からの苦情電話を受けていた。午前6時35分。官邸はギリガン報道を否定する官邸側の見解を午前7時の定時ニュースで流すよう要求していた。定時ニュースの台本は別の部署で準備されており、どの部分を否定するべきなのかも不明で、ただ時間だけが過ぎた。その後も、官邸からの電話が続いた。

ギリガンは『トゥデー』での報道に続いて、6月1日付の日曜紙『メール・オン・サンデー』にコラムを書き、表現を誇張するよう統合情報委員会に圧力をかけたのは官邸のアラステア・キャンベル戦略広報局長だと名指しした。キャンベルはこれに激怒し、官邸とBBCの対決が本格化した。

キャンベルを筆頭とする官邸からの度重なる苦情の電話や手紙の対応に、ダイクもニュース部門の責任者とともに文面を考えるなど深く関与した。ダイクのほか、投資銀行ゴールドマン・サックス幹部を経てBBC理事長に就任していたギャビン・デイビス（在職2001—2004年）もかつては労働党への献金者で、ブレア首相とも個人的に親しかったが、この件の火消し役にはならなかった。

７月中旬、ギリガン報道の情報源となった国防省顧問デービッド・ケリーが自殺する。それまで情報源を公表していなかったＢＢＣは、ケリーが情報源であったことを認めた。

BBCジャーナリズムの「欠陥」

ケリーの死を受けて、ブレア首相は状況を調査する独立委員会を発足させた。元北アイルランドの判事ハットン卿が委員長を務めた「ハットン委員会」である。２００４年１月28日に発表された報告書は、政府による情報操作を否定し、ＢＢＣによる報道の不十分さを指摘した。

ハットン委員長が政府を厳しく非難すると思っていたメディア関係者は、ＢＢＣ幹部を筆頭にその結論に驚いた。左派系高級紙『インディペンデント』は、翌日の一面で、白の背景に赤い文字で「ごまかし（Whitewash）」と書いた。

ＢＢＣに批判的な報告書が出たことで、デイビス理事長は引責辞任し、ダイクも辞任願を理事会に出した。慰留されるだろうとダイクは踏んでいたが、理事会は承認してしまった。ダイクの留任を求めて、ＢＢＣ職員らによる抗議デモが各地で発生した。

保守系高級紙『テレグラフ』に「ＢＢＣの独立性」という大きな見出しが付いた全面広告

が掲載されたのは、１月31日のことである。広告には、ダイクが去った後も「ダイクの業績と構想を維持していく」という文章が付いていた。広告費用は有志の職員が懐から出したお金だった。ダイクは紙面に掲載された一人ひとりのＢＢＣ職員の名前を読んだ。息が詰まり、涙が出た。ギリガン報道を巡る政府との対決劇で、ダイクが初めて泣いた瞬間だった。ダイクは再度理事会に連絡を取り、辞任願を取り消したいと伝えたが、理事会は２月４日の会議で、取り消しを認めないことで一致した。

報告書が出た翌日、ＢＢＣは全面的に謝罪した。ＢＢＣは政府との対決をここで終了させる道を選択したのだった。ＢＢＣのニュース編集体制に「欠陥があった」とするハットンの結論を受け入れて、ジャーナリズムの見直しが行われ、２００４年６月、報告書が出た。その要旨は「すべてのＢＢＣジャーナリズムで、正確性と精度が最優先される」、取材内容は「しっかりした、吟味された証拠に基づき、正確なメモで補強されるべき」「生放送の双方向形式でスクープを報じるべきではない」「苦情処理体制を改革するべき」「どの苦情も同様に処理され、ディレクター・ジェネラルが直接かかわらないことを原則とすべき」といったものだった。

報告書が公表されると、ＢＢＣは職員に特別研修を受けさせた。２００５年６月、職員向けのオンラインの教育機関「ＢＢＣカレッジ・オブ・ジャーナリズム」が設置され、２００９年11月には、ジャーナリズムの他に制作、テクノロジー、リーダーシップの研修を行う「ＢＢＣアカデミー」が創設された。

　しかし、その後の調査でギリガン報道の根幹部分が間違っていなかったことが判明していく。イラク戦争勃発までの諜報情報の正確さを調べたバトラー調査委員会（委員長はロビン・バトラー元官房長官）は、２００４年７月発表の報告書で、政府が情報を「意図的に歪曲した証拠はなかった」としながらも、45分以内に大量破壊兵器の配備が可能とする主張には「根拠がなかった」と結論付けた。

　２００９年には、ゴードン・ブラウン首相（在職２００７―２０１０年）がイラク戦争における政府の政治判断と戦後の施策を検証する「イラク調査委員会」（委員長ジョン・チルコットの名前から、通称「チルコット委員会」）を発足させた。２０１６年７月６日、委員会は１６０万語に上る報告書を発表した。その結論はブレア政権にとって厳しいものになった。「（英政府は）イラクの大量破壊兵器の脅威を確かな情報として提示したが、これは正当化できない」「フセイン大統領が化学・生物兵器を継続して開発していたという諜報情報には十分な裏付けがなかった」。

変わらざるをえないメディア

ハットン危機でＢＢＣは理事長とディレクター・ジェネラルを同時に失った。新理事長として選ばれたのは、赤いサスペンダーに赤い靴下、太い葉巻がトレードマークのマイケル・グレードであった（在職２００４―２００６年）。「異端児」で「カリスマ性がある」――ＢＢＣのジャーナリストたちはグレードをこう評した。

グレードはショービジネス一家の出身だ。伯父は民放ＩＴＶで娯楽番組を大ヒットさせたテレビ界の大物で、父は劇場エージェントである。自分自身もＢＢＣ、ＩＴＶ系放送局で制作を担当し、映画制作会社パインウッド・シェパートンの会長も務めた。

娯楽畑での経験が豊富なグレードの着任は、ハットン危機の後で萎縮していたＢＢＣ職員らに希望を与えた。自分の仕事は「ＢＢＣは大丈夫だとすべての人に伝えることだ」、視聴者の信頼感を維持するにはＢＢＣが編集上の独立性を保つことが「最も重要だ」と、グレードは述べた。ハットン危機については「もう十分に謝罪したのではないか」と職員に語った。

新たなディレクター・ジェネラルとなったのは、チャンネル４の元最高経営責任者（ＣＥＯ）マーク・トンプソン（在職２００４―２０１２年）である。１９７９年にオックスフォード大学を卒業後、すぐにプロデューサー見習いとしてＢＢＣで働き始め、一度はＢＢＣテレビの責任者にまで上り詰めたが、２００１年春、赤字に苦しむチャンネル４に転職した。大幅なコストカットを断行し、視聴率が取れる娯楽性が高い番組と質の高いドラマ、ニュース、教養番組などを組み合わせる巧みな戦略によって、その経営手腕が高く評価されるようになった結果の抜擢だった。

６月、初出勤したトンプソンは、「今後数年間で、これまでにないほどの速度でＢＢＣを変える」と宣言した。ＢＢＣのジャーナリズムは創設以来の「最大の危機を経験した」。しかし過去には拘泥せず、「これからどうするかに集中したい」。

16人で構成されていたＢＢＣの経営執行部の人員を９人に減少させ、改革を実行する「ジャーナリズム委員会」、番組企画や視聴者獲得の方策を考案する「創造性委員会」、商業活動を担当する「商業委員会」に分けた。ＢＢＣの制作拠点をロンドンから外へ移す計画も発表。２０１０年には実際に移動が始まり、イングランド北部マンチェスターに建設した大型スタジオ施設「メディアシティＵＫ」が引っ越し先となった。

トンプソンが経営トップとして抱えた最大の課題は、２００６年で終了するＢＢＣの王立憲章の更新交渉だった。ＢＢＣの活動内容や予算がこれをベースに決まっていくからだ。トンプソンは理事長のグレードとともに、王立憲章更新に向けたＢＢＣのマニフェストに相当する文書「公的価値を築く――デジタル世界の中でＢＢＣを刷新する」を発表した。ＢＢＣが公共体として創立されてから、王立憲章はほぼ10年ごとに更新されてきた。２００７年からの10年で、「デジタル革命の恩恵から一人も取り残されないように、ＢＢＣが先頭に立って英国の完全デジタル化を率先する」ことを目標とした。

このマニフェストの中で、ＢＢＣが「公的価値」と「デジタル化」を強調することになった背景には、社会とメディア環境の大きな変化があった。インターネットの普及によるデジタル革命で、２０００年代初頭までに人口の半分以上がデジタルテレビや携帯電話を手にするようになった。

２００７年以降の10年についての見通しでは、ブロードバンドにアクセスできる家庭が大きく増え、コンピューターや携帯電話での動画視聴が一般的になると予想された。番組予定表によってではなく、視聴者の求めに応じてコンテンツが準備される時代が到来し、家族で一緒に同じ番組を見る習慣も次第に廃れていくだろうと見込まれた。

メディア界では整理・統合が進んでいた。民放ＩＴＶ系列の放送局は、１９９３年には15社あったが、２０００年初頭では4社となり、最大手の ITV plc 社がＩＴＶ系放送局の収入の91％を生み出すようになった。こうした一極集中はテレビ界に特有の現象ではなく、ケーブル・メディア、ラジオ界も同様に限られた大手が市場をほぼ独占していた。

ユーザー参加型ニュースの黎明期

ＢＢＣの新たなライバルとなったのが衛星放送業者のＢスカイＢが提供する有料テレビチャンネル「スカイ」であった。サッカーのプレミアリーグの試合などで契約者数を増やし、英国の有料テレビ市場の3分の1を占めるようになった。アイルランドと英国を合わせた契約世帯数は７００万戸近くに上った。ＢスカイＢの収入は、２００７年までに45億ポンドに達すると予想された。これは、商業活動を除いたＢＢＣの収入（約26億ポンド）やＩＴＶの規模（約14億ポンド）よりはるかに大きかった。

加えて２００３年7月施行の通信法によって、放送業と通信業を規制・監督する組織「オフコム」が作られたが、この時、外国企業による英国の放送業の買収規制が撤廃された。買収にはオフコムによる「（メディアの）多様性審査」が必要になるものの、米国の大手メディアによる買収の可能性も出てくることを意味していた。

荒波に揺れるメディア環境を前にして、ＢＢＣは公共サービス放送の最大手として何ができるかを考えざるを得なくなった。デジタル化が進む過渡期のこの時、デジタルメディアの利用者＝視聴者を助け、公の組織としての責任を果たすための施策がこのマニフェストだった。

２００６年3月、政府白書「すべての人のための公的サービス——デジタル時代のＢＢＣ」が出た。これを踏まえて7月には、文化相とＢＢＣとの間で活動の詳細についての「合意書」が発表され、10月、王立憲章が締結された。新たな王立憲章によると、公益のために存在するＢＢＣの主な目的は「公的目的」を果たすことである。「公的目的」の定義は「市民権及び市民社会を維持すること」「教育と学習を振興すること」「創造性と文化的卓越性を振興すること」「英国全体、地方、地域社会を代表すること」「英国を世界に紹介し、世界を英国に紹介すること」「新たな通信テクノロジーやサービスを国民が利用できるように支援し、デジタルテレビへの転換を主導すること」とされた。

視聴者を代表する組織として「ＢＢＣトラスト」が新設され、経営陣は「ＢＢＣ取締役会」として再結成された。ＢＢＣが新たな事業を始める際には、トラストが「公的価値のテスト」を行う。オフコムは予定された新規事業による市場への影響についての分析を提供する義務を課せられた。

この間、ＢＢＣのジャーナリズムを変化させる大きな出来事が生じている。一つは、２０

０４年12月に発生したスマトラ島沖地震である。これをきっかけとして、ＢＢＣは視聴者から送られてきた情報をジャーナリズムの中に組み込むようになっていく。

　地震の発生当初から、ＢＢＣには大津波による甚大な被害を撮影した大量の画像・映像が送られてきた。当時、スマートフォンはまだ市場に登場していなかったが、ビデオカメラやカメラ付き携帯電話は流通しており、ＢＢＣを始めとする各メディアは現場からの目撃情報を募った。視聴者側が生成する「ユーザー・ジェネレーテッド・コンテンツ（ＵＧＣ）」や、ソーシャルメディアの情報をニュース報道に組み合わせる動きが本格化した。２００５年１月、ＢＢＣは3カ月間のパイロット事業として「ＵＧＣハブ」を立ち上げた。オーディエンスから寄せられたコンテンツをＢＢＣネットワークの中で広く利用できるようにするためだった。

　２００５年7月7日にはロンドン・テロが発生する。午前8時過ぎ、地下鉄3カ所と2階建てバスが次々と爆破され、自爆犯4人を含め56人の死者と約７００人の負傷者を出した。ＢＢＣには、テロ発生から6時間で１０００枚の静止画像のほか、４０００件のテキスト・メッセージ、2万件の電子メールが送られてきた。ＵＧＣハブは正式にＢＢＣの報道部門の一つとなり、職員も大幅に増えていった。

ＵＧＣは当初、事件発生時にＢＢＣに送られてきた素材への対処を主目的としたが、その業務は次第に視聴者との双方向の動きに変わっていった。ウェブサイトに掲載した記事の最後にＢＢＣに連絡を取れるコーナーを設け、その記事に関連するコメントや体験談を募り、突発的な出来事に遭遇した人からの情報提供を呼びかけた。

ソーシャルメディアが広がりを見せるにつれ、ＢＢＣはその影響を無視することができなくなった。その後、２００９年11月にはソーシャルメディア編集長のポストが新設され、ＢＢＣのジャーナリストや編集者はツイッター（現Ｘ）の利用を奨励された。

いつでも、どこでも、何を使っても

２００６年４月、ディレクター・ジェネラル就任から３年目に入ろうとしていた頃、トンプソンは視聴者とともにデジタル時代を突き進むための「創造的な未来」戦略を披露した。王立テレビジョン協会で演台に立ったトンプソンは、最優先項目として「オンデマンド・サービス」をあげた。「音も、映像も、文字情報も、すべてのメディアがすべてのデバイスで、いつでもアクセスできるようにする。検索出来て、移動させることができて、共有できる」。トンプソンはこのサービスを「ＢＢＣアイプレイヤー」と呼んだ。

「主力はテレビやラジオであって、新しいメディアはついでにやる、などと考えるべきではない」。利用者が家でくつろいでいても移動中でも、どこにでもコンテンツを届けられるようにするべきで、「1日24時間、週に7日のサービス稼働に投資や制作の焦点を移すべきだ」と強調した。

その鍵を握るのがオンデマンド方式だった。「コンテンツを届ける新しい手法であるばかりではない。私たちがどう企画を発注し、どう制作するかを再考することを意味する」。視聴者とも新たな関係を結ぶ必要がある。「視聴者は単なる視聴者ではなくなる。パートナーになるのだ」。

英国の主要放送局による初のオンデマンド・サービスの開始は、２００６年11月。チャンネル４によるものだ。ＢＢＣも２００２年頃から実験を重ね、「アイプレイヤー」は技術的に実装可能なところまで進んでいた。しかし、新たなサービスを開始するにはＢＢＣトラストが「公的価値がある」と承認する必要があった。その最終判断が出たのは、２００７年４月。アイプレイヤーの正式な開始は同年12月となった。ラジオ版は「ＢＢＣラジオ・プレイヤー」が２００１年から実用化されていたので、これでテレビ番組もラジオ番組もオンデマンド利用が可能になった。

２００７年末までに英国のすべての公共サービス放送に加え、衛星放送の有料チャンネル、スカイもオンデマンド・サービスを稼働させていた。ＢＢＣのアイプレイヤーは先駆者にはなれなかったが、英国で最も人気が高いオンデマンド・サービスに成長していった。

払った受信料のゆくえは

ディレクター・ジェネラルのトンプソンと理事長のグレード。二人三脚の改革でＢＢＣの新たな未来が本格的に始まろうかと思われた時、突如、グレードがライバル局のＩＴＶに移籍することになった。「番組制作に関与する側に回りたい」ことがその理由だった。２００７年１月、グレードはＩＴＶの執行会長に就任した。

グレードの後任が決まったのは、同年５月。公募と審査を経てマイケル・ライオンズが選ばれた（在職２００７―２０１１年）。同時に新規設置の「ＢＢＣトラスト」の初代トップになった。ライオンズは地方政府での経験が長い。王立シェイクスピア劇場の理事、イングランド中部バーミンガム市オーケストラの会長、ＩＴＶ系列の放送局セントラル・インディペンデント・テレビジョンのディレクターだったこともある。公務員の地方勤務計画についてブレア政権に報告書を書くなど、地方政府の運営に詳しかった。公共組織運営の経験が豊富な人物だ。

新王立憲章が施行されたばかりの２００７年1月、インフレ率と連動させた受信料の値上げが続くと想定していたトンプソンは失望せざるをえなかった。ジョウェル文化相の決定で、今後2年は３％の値上げ率に固定されるという。また、政府はこれまで「インフレ率」の指標として「小売物価指数（ＲＰＩ）」を使ってきた。この時、ＲＰＩは４・４％。今後は当時３・３％の「消費者物価指数（ＣＰＩ）」と連動する。いずれにしても、３％の値上げではインフレ率以下だ。ＢＢＣの計算では、予算に約20億ポンドの穴が開くことを意味した。

収入を増やすための一つの道は、海外からのウェブサイトへのアクセスに対して広告を表示することだった。ＢＢＣは、国内向けのサービスで広告収入を得ることを王立憲章で禁じられている。しかしそれは、国内の放送・配信業務を受信料で賄えることが前提となっている。ＢＢＣのウェブサイトへのアクセスは、全体の半分を海外からの利用者が占めていたが、その人たちはサイト利用料を支払っているわけではなかった。

海外からのアクセスには広告を入れる案に対し、国内からの反対意見が殺到した。反対派の議員らは「不偏不党のＢＢＣ」という名声に傷がつくと主張したが、背に腹は代えられない。10月、ＢＢＣトラストは広告導入にゴーサインを出した。

予想より少なかった受信料の値上げ率を踏まえ、10月、トンプソンは今後6カ年のリストラ計画を発表した。デジタル時代に適応した「より小さく、贅肉が少ないＢＢＣ」の構築を目指す。どの部門もいくらかの予算削減を求められた。スリム化の一環として、１９６０年以来の制作拠点だったロンドン西部ホワイトシティーにある、ドーナツ形のテレビジョン・センターも売却されることに決まった。２０１２年、センターは不動産管理会社スタンホープに2億ポンドで売却された。一時代の終わりを思わせた。

トンプソンによるリストラ計画と前後して、「ＢＢＣとお金」に国民の視線が集まるようになった。２００６年4月、複数の大衆紙がＢＢＣの人気司会者たちの報酬を暴露したのがきっかけだ。ＢＢＣは経営幹部の収入を年次報告書の中で公表しているが、スター出演者たちの報酬については明らかにしてこなかった。報道によると、テレビの著名司会者の一人ジェレミー・パックスマンの報酬は１００万ポンド（約2億円）を超えていた。ディレクター・ジェネラルであるトンプソンの年収の約2倍である。この報酬額に、業界組織「商業ラジオ企業協会」は反発した。民間企業とかけ離れている可能性があるとして、報酬体系を公にするよう求めた。

２００８年6月、ＢＢＣからスターに支払われる報酬について、ＢＢＣトラストが調査報告書を発表した。報告書は、ラジオ部門の報酬ランキングでトップに入るタレントの一部が商業ラジオの場合よりも大きな額を得ていることは認めつつ、総合的に見れば、「ＢＢＣが市場平均以上を支払っている証拠はない」と結論付けた。

翌7月、年次報告書で経営陣の給与が公になると、ＢＢＣはまた批判の嵐にさらされた。前年に電話投票に関わる不正行為が発覚していたにもかかわらず、経営陣の年収総額は前年比17％増となったからだ。ＢＢＣの年次報告書はいつしか「経営陣やスターの年収はどれぐらいか」「果たしてその金額に見合うだけの仕事をしているのか」といった点が最も注目されるようになった。

「民業圧迫メディア」との誹り

２０１０年、過去13年間続いてきた労働党政権がとうとう終わりを告げる時が来た。この年5月の総選挙で最大野党・保守党は最多の得票数を得たものの、単独政権の要件である過半数の議席数には届かなかった。そこで保守党は第2野党・自由民主党と連立を組むことになった。英国で連立政権の発足は珍しいが、これによって政権交代が実現する。

ＢＢＣを「民業圧迫メディア」として敵視する保守党が政権に返り咲いたことで、ＢＢＣ

内ではサッチャー政権時代をほうふつとさせるような厳しい状況に置かれるのではないかという懸念が出た。

懸念は当たっていた。そしてそれは、サッチャー政権のようなジャーナリズムへの干渉ではなく、お金の締め付けだった。世界金融危機の影響を受けて緊縮財政を敷くジョージ・オズボーン財務相（保守党）は、現行の王立憲章が終了するまでの6年間、受信料の値上げを凍結すると発表したのである。

また、ウェールズ語放送「S4C」の運営費を受信料の中から捻出すること、それまで外務省の交付金で賄ってきた国際放送「BBCワールドサービス」を今後は援助なしで運営していくことも求めた。BBCの依頼があった場合にのみ財政状態を検証してきた国家会計検査院（NAO）は、常時監査をできるように改められた。BBCの財政に厳しい目が向けられる状況は以降も続き、2015年に行われる次の総選挙後には、BBCはさらに困難な要求を突きつけられることになる。

ロンドン五輪とデジタルの威力

2012年夏、ロンドンは五輪及びパラリンピックの開催地となった。1908年の1回目、１９４８年の2回目に続いて3回目である。2回目の大会時には、パラリンピックの起源とされる競技会も開催された。イングランド南東部ストーク・マンデビル病院で行われた、第二次大戦で負傷した兵士たちのリハビリを目的としたアーチェリー競技である。これが、１９６０年のローマ大会以降はパラリンピックとして定着していった。

64年ぶりのロンドン五輪（7月27日―8月12日）が始まる直前、ＢＢＣは連続コメディ番組『２０１２（トゥエンティ・トゥウェルヴ）』を放送し、五輪運営組織のドタバタぶりを戯画化した。「お笑い」として誇張されていたはずが、現実になった内容もあった。ドラマの中で、運営組織の交通政策担当者が外国視察団を五輪会場に連れて行く途中で迷子になるエピソードだ。現実でも、ロンドン・ヒースロー空港から選手を宿舎に連れて行くバスの運転手が道順をよく理解できておらず、数時間遅れで到着した。バスにはカーナビが付いていたが、運転手は使い方を知らなかったという。

ロンドン五輪は「本格的なデジタル五輪」と言われた。英国の公式放送局となったＢＢＣは「どんな瞬間も見逃さない」をモットーに、通常のチャンネルに加えて新たに14の専用チャンネルを作り、全試合を生中継した。スポーツ専用サイトでは競技映像をストリーム放送し、生中継の動画を巻き戻しすることも可能だった。タブレットやスマートフォンには専用視聴アプリが提供され、特設サイト「London 2012」で五輪に関わるニュースや地域の情報を掲載した。ラジオ好きには五輪期間だけのチャンネル「ラジオ・ファイブ・ライブ・オリンピック・エキストラ」が準備された。

夏季五輪に続いて同じ施設で開催されたパラリンピック（8月29日―9月9日）の放送は、ＢＢＣ同様に公共サービス放送であるチャンネル４が担当した。司会者にも障がいのある人を多数起用し、複数のデジタル・チャンネルとウェブサイトを通じて放送・配信した。

２０１２年の両大会は、英国の多くの人が「いつでも、どこでも、好きなデバイスで」のコンテンツの視聴を実際に体験する機会となった。競技の結果や反響をツイッターで追い、様々なソーシャルメディアで共有する「ソーシャル大会」でもあった。五輪期間中のツイート数は１億５０００に達し、ＢＢＣアイプレイヤーの番組再視聴リクエスト数は２０１２年８月で１億９７００万回とそれまでの月間最多を記録した。ＢＢＣによる五輪放送の視聴者は５１００万人、パラリンピックは３７００万人を数えた（視聴率調査組織「ＢＡＲＢ」調べ）。ともに、英国の番組の中で史上最大の視聴者数を記録した。

しかし、華々しい記録に彩られたロンドン五輪が終わってまもなく、ＢＢＣは打って変わって、大規模な性加害事件の責任を問われることになった。

「ジミー・サヴィルの別の顔」——慈善活動に隠された性加害

銀色の長髪にサングラス、キューバ製の葉巻を口にくわえ、トラックスーツにゴールドのアクセサリをじゃらじゃらと着ける。BBCの人気司会者ジミー・サヴィルは一目見たら忘れられないファッションを好んだ。1926年、イングランド北部リーズ生まれ。炭鉱労働者、プロレスラーを経て地元のダンスホールのDJとして働き出し、1964年から音楽チャートを紹介するBBCのテレビ番組『トップ・オブ・ザ・ポップス』の初代司会として全国的にその名が知られていった。子供たちの願いをかなえる番組『ジムにお任せ』（1975—1994年）で、その人気は幅広い層に広がった。

司会業のほかにサヴィルは慈善活動や病院でのボランティアにも熱心で、特に地元のリーズ総合診療所、南東部ストーク・マンデビル病院、ブロードモア病院を主な拠点とした。慈善活動を評価され、1971年には大英勲章第4位、1990年にはナイト爵に叙されている。生涯を通じての募金活動で約4000万ポンドを集めた。サッチャー首相、チャールズ皇太子やダイアナ妃、エリザベス女王の夫フィリップ殿下（敬称はいずれもサヴィルの生前当時）とも親しかった。

サヴィルが女性好きで、特に10代の少女に関心が高いことはサヴィルと働いたことがある人の間ではよく知られていた。「変態」「気味が悪い」という人もいたが、「テレビに出る著名人」「王室や政府とのパイプを持つ人物」「慈善活動をする人」としてサヴィルは信頼された。旅に出る時は専用トレーラーで眠るサヴィルだが、拠点とする病院には宿泊用の部屋や執務室が設けられ、病院内のどこにでも行けるよう鍵を与えられていた場合もあった。

トレーラー内、病院内、ＢＢＣの敷地内でサヴィルが少女を相手に性加害を働いても、病院やテレビ局にいた大人は少女たちの言うことを信じないか軽くあしらった。被害を伝えられた大人の中には「自分の仕事がなくなる」「大きな募金をしてくれる人を失う」などの理由から、苦情をまともに受け付けない場合もあった。

２０１１年10月、サヴィルが亡くなった。児童への性加害問題を映像化した経験を持つ熟練ジャーナリストのメイリオン・ジョーンズは、サヴィルの性加害をテーマにする番組の企画を立てた。かつてサヴィルが訪れていた児童の自立支援施設を知っており、被害者の女性とも連絡を取るなど、自分なりの確証があった。そこでＢＢＣ２の調査報道番組『ニューズナイト』の編集長ピーター・リッポンに声をかけ、ゴーサインを出された。しかし途中までは乗り気だったリッポンは、最終的に「証拠不十分」のため「現状では放送不可」と決定する。

番組の制作中止は外部にリークされ、２０１２年の年明けから新聞各紙が報道し始めた。サヴィルが亡くなった年、ＢＢＣは追悼番組を準備しており、これに配慮してジョーンズらの番組が見送られたとの疑念が出た。

２０１２年10月３日、ＩＴＶは調査報道番組『エクスポージャー（暴露）』の枠でサヴィルの性加害を暴露する「ジミー・サヴィルの別の顔」を放送した。番組放送後、「自分も虐待にあった」と警察に連絡をする人が続出し、ロンドン警視庁は児童に対する性的虐待を捜査する「ユートゥリー作戦」を開始した。「Yewtree（ユートゥリー）」とは常緑針葉樹「イチイ」を指すが、捜査の目的とは関連性がない、中立的な言葉として選ばれたものである。

疑惑発覚の前に退任していたトンプソンの後を引き継いだディレクター・ジェネラルが、ジョージ・エントウィッスル（２０１２年９月就任）である。その前職はＢＢＣのテレビ部門「ＢＢＣビジョン」の統括者で、サヴィルの死去時、追悼番組を含むテレビ番組すべてを監督する立場にあった。しかし、下院の文化・メディア・スポーツ委員会の公聴会に召喚されたエントウィッスルは、テレビ部門の責任者であった２０１１年時点でサヴィルの性犯罪疑惑に関する番組についてほとんど知らなかったと述べた。

ＢＢＣの内部調査が続く中、別の調査報道番組『ニューズナイト』が新たな性的暴行疑惑を放送する。この中で、番組が示唆した「児童性愛主義者の大物政治家」が、実際には人違いであったことが後に判明する。番組は被疑者の名前こそ出さなかったが、保守党政治家アリステア・マカルパインであるという情報がソーシャルメディア上で広がった。『ニューズナイト』はマカルパインに謝罪する羽目になった。失態が続いたエントウィッスルは、就任から54日で引責辞任。前代未聞の短さだ。ＢＢＣはマカルパインに対し、誤報による名誉毀損で賠償金18万５０００ポンド（２３００万円）を支払った。

12月、内部調査の報告書が出た。サヴィル番組の放送中止は、ほぼ同時期に放送予定となっていた追悼番組を守るためではなかった、という趣旨である。放送を中止したリッポンの決断には「重大な欠陥」があり、ジョーンズらが集めた「報道するに足る材料を十分に吟味していなかった」と結論付けた。経営陣の中で責任の所在が明確ではなかったことも指摘された。

２０１３年1月、国家児童虐待防止協会（ＮＳＰＣＣ）と警察の協力でまとめられた報告書によると、１９５５年から２００９年の間にサヴィルによる２１４件の刑事犯罪が記録され、１２６件はわいせつ行為、34件はレイプだった。被害者は被害当時8歳から47歳で、73%が18歳未満、81%が女性で、その大部分が13―16歳だった。加害行為が行われた場所は、

ＢＢＣの放送施設の他には14の医療機関とされた。

ＢＢＣは元高等法院の裁判官ジャネット・スミスに、サヴィルの性加害とＢＢＣとの関係について調査するよう依頼した。２０１６年、スミスはＢＢＣがサヴィルの加害行為について確実な認識を持っていなかったと結論付けたものの、サヴィルが高い人気を博した過去数十年間、ＢＢＣには「苦情を出さない文化」があったとも指摘した。ＢＢＣはテレビ界の有名人の力に心を奪われ、サヴィルを慎重に扱い、実質的に「触れてはいけない存在」としてしまった、と。

ＢＢＣは２０１６年末までに児童保護や内部告発に関わる規則を刷新し、職員の意識を高める研修を行ったが、監督責任を問われたＢＢＣトラストは、２０１７年４月で活動を停止することになった。

明るみに出る失態

引責辞任したエントウィッスルを引き継いでディレクター・ジェネラルに就任したのは、２００１年までＢＢＣのニュース部門のディレクターだったトニー・ホールであった（在職２０１３―２０２０年）。１９７３年にＢＢＣで働き始め、一時、ディレクター・ジェネラル職に応募したこともあったが、その時は成功しなかった。２０１０年、放送界への功績を評価されて一代貴族の称号を得ているほか、着任直前にはロンドンのコベント・ガーデンにあるロイヤル・オペラ・ハウスのＣＥＯを務めていた。ＢＢＣでの給与は年間45万ポンド。経営陣の高額給与の批判が高まったことを受けて、トンプソンの時代（在職２００４—２０１２年）では80万ポンド前後にまで増えた金額は、エントウィッスルの就任時からこの金額に大幅減額されていた。

　ホールの就任直後、ＢＢＣは批判の矢面に立たされた。２０１３年7月、国家会計検査院（ＮＡＯ）の調査によって、巨額の退職金を経営陣に払っていたことが判明したのである。「組織統治が緩いために契約上の金額を超えた支払額になった。国民の信頼感に損害を与える」とＮＡＯのトップは評した。動画コンテンツの制作・共有を迅速化するプロジェクト「デジタル・メディア・イニシアティブ」（２０１０—２０１２年）に約1億ポンドの投資をしたものの、結局は実用化されなかった失態もＢＢＣの内部調査で明るみに出た。

　２０１１年5月からＢＢＣトラストの初代理事長ライオンズの後を継いだ元香港総督のクリス・パッテンは、一連のスキャンダルを弁解する役を一手に引き受けることになった。任期満了は２０１５年だったが、その前年、健康悪化を理由に理事長職辞任の意向を表明した。

２０１４年10月、パッテンの後任として、元『フィナンシャル・タイムズ』紙の最高経営責任者ローナ・フェアヘッドが選出される（在職２０１４—２０１７年）。フェアヘッドは、10万ポンド以上の報酬を得るタレントへの支払額を今後5年で15％減少させると発表した。

受信料を払う人、払わなくていい人

２０１０年代は、ギリシャに端を発した信用不安が欧州内に拡大した時期でもある。英国では、ＥＵが課する過剰な規制や英国からの多額の拠出金への不満が高まった。ＥＵ域内外からの移民も急増し、「雇用を奪われる」という危機感が広がった。保守党内の欧州懐疑派からの突き上げもあって、２０１３年、デービッド・キャメロン与党保守党・党首は「２０１５年の総選挙で勝利した暁には、ＥＵ離脱か残留かを問う国民投票を行う」と宣言した。

２０１５年5月上旬の総選挙で保守党は過半数を超える３３１議席を獲得し、１９９０—１９９７年のメージャー政権以来の保守党単独政権が発足した。保守党はＢＢＣに対する姿勢も含め、強気で政策を実現する位置に就いた。

「保守党がＢＢＣと戦争を開始した」。新政権発足後まもない5月11日、保守系全国紙『デイリー・テレグラフ』はこんな見出しを付けた記事を掲載した。キャメロン首相がＢＢＣ批判で知られるジョン・ウィッティングデール議員を文化相に任命したからだ。選挙戦時にＢＢＣの報道が「労働党寄りだった」ことに保守党が不満を持ち、ＢＢＣを「正常な状態に戻す」ための起用だったとも言われている。

6月末、オズボーン財務相はホールと秘密の会合を持った。次の王立憲章下での受信料制度をどうするかについてＢＢＣと政府が本格的な交渉を開始する前の話である。財務相はホールに「２０２０年から、75歳以上の高齢者を含む世帯の受信料はＢＢＣに負担してもらう」と告げた。高齢者層の受信料については、貧困層を支援するための福祉政策の一環として、２０００年から政府が負担する状態が続いていた。毎年少しずつ政府負担分を減らしていき、２０２０年からはＢＢＣによる全額負担とする。そうなれば２０２１年度時点で、年間7億４５００万ポンドの減収になることを意味していた。

事の次第を知ったＢＢＣトラストからは「ＢＢＣの独立性と提供するサービスへの負の影響」を懸念する声が出たが、いくつかの条件付きで財務相の要求を呑むことになった。その条件には「オンデマンド視聴を受信料で賄うサービスとして法制化する」「インフレ率と連動させて受信料を上昇させる」などが含まれていた。

国民が密室での合意を知ったのは、7月3日、『サンデー・タイムズ』紙の報道による。

ホールは「経済状況を考えれば、正しい取り決めだった」と述べたが、高齢化が進めば進むほど、負担額は増える。正式な交渉の開始前に会合を持ったこと自体にも批判が出た。元ディレクター・ジェネラルのバートは「意見公募もせずに密室で決まった。危険な前例だ。ＢＢＣの政府からの独立性を傷つけた」と指摘した。

なぜＢＢＣは高齢者層の受信料負担という条件を受け入れたのか？　２０１６年１月、下院でこの点を聞かれたトラスト側は、法律上の理由をあげた。高齢者世帯に無料で受信免許を提供する根拠は「通信（テレビジョン免許）規制（２００４年）」に定められている。王立憲章の下で交わされた合意書の中では、政府がその分を負担すると規定されているものの、その王立憲章・合意書はともに２０１６年末で失効する。今後のいかなる王立憲章・合意書にも政府負担の取り決めは入れないと告げられたため、ＢＢＣが肩代わりすることになったという。

２０１７年にデジタル経済法が成立すると、高齢者世帯の負担分の扱いをＢＢＣが決定できることになった。ＢＢＣは意見公募するとともに、民間調査会社のリサーチも合わせて現行制度の見直しを図ることにした。

２０１９年６月、ＢＢＣはこの件についての結論を出した。視聴者アンケートでは48％が

「高齢者世帯の受信料をＢＢＣが負担することで無料とする」ことを支持し、高齢者世帯の受信料を割り引く・開始年齢を変える・所得と紐付けるなど「改良する」が37％、「高齢者世帯の無料制を廃止し、全世帯を対象とした税金扱いとする」が15％だった。

ＢＢＣは最大の支持率を得たＢＢＣ負担による現行制度の維持ではなく、ほかの２つを合わせて「制度を改良、あるいは廃止する」が「52％の支持を得た」として、高齢者世帯無料制度を「ペンション・クレジット」と呼ばれる低所得の高齢者向け年金を受け取る世帯でのみ継続することにした。もともと、貧困・低所得の高齢者世帯を助ける目的で導入された制度であるため、該当する「高齢者世帯」の幅を狭めたのである。

ＢＢＣの見通しでは、新制度で受信料の支払い免除を享受する世帯は90万に上り、２０２０年までには１５０万世帯に増える。現行制度下での負担額は7億４５００万ポンドだが、低所得高齢者世帯に限ると2億５０００万ポンドにまで縮小される。この制度変更は、２０２０年6月から実施されることになった。

経費削減のしわ寄せ

総選挙から2カ月経った２０１５年7月中旬、ＢＢＣは２０１４―２０１５年度の年次報告書を発表した。チューダー朝を舞台にした歴史ドラマ『ウルフ・ホール』や18世紀の鉱山主ポルダークの物語『風の勇士ポルダーク』、子供を失った家族の葛藤を描く『ザ・ミッシング』などをヒットさせ、勝ち抜き合戦形式のダンス番組『ストリクトリー・カム・ダンシング』や、ベーキングの腕を競う『グレート・ブリティッシュ・ベイクオフ』といった娯楽番組も人気は上々だったが、ＢＢＣのチャンネルを選ぶ人の比率は下がる傾向にあった。

２０１７年まで受信料の金額が凍結されたため、ＢＢＣの計算では２０１０年から２０１９年の10年間で、国内の公共サービス放送用資金は30％も減少する見通しだった。経費削減のため、若者向けのデジタル・チャンネル「ＢＢＣ３」をオンラインの配信のみとした。人気番組の『グレート・ブリティッシュ・ベイクオフ』は高額報酬を要求した制作会社との交渉に失敗し、チャンネル４に取られた。地方放送の職員やニュース番組を減らし、国際放送「ワールドサービス」で扱う言語を減少させるなど、様々なスリム化に奔走した。

２０１６年５月、政府は王立憲章の土台を作る放送白書を発表した。これによると、新たな王立憲章の期限は通常の10年より少し長い11年（２０１７年１月―２０２７年12月末）。途中でＢＢＣの役割や目的が実現されているかの見直し作業を入れることになった。

白書を踏まえ、２０１７年からの新憲章の詳細についてＢＢＣと政府が話し合いを進めている間に、思いがけない事態が発生した。２０１６年６月23日、ＥＵに残留するかどうかの国民投票で離脱派が多数となり、残留を推していたキャメロン首相が退陣することになったのである。

ＥＵ離脱をめぐる「不偏不党」

ＥＵを離脱するのか、残留するのか。２０１６年６月23日の投票日に向けてのキャンペーン運動は熾烈を極めた。政権内でも国民の間でも、意見は大きく2つに分かれた。

ＢＢＣを含む英国の公共サービス放送では、ニュース報道の「適切な」「不偏不党性」が義務化されている。オフコムによると、「不偏不党性（impartiality）」とは一方を他方よりも重要視しないこと。「適切な（due）」とは「該当番組のテーマや性質に見合う適切さ」を意味する。

国民投票は不偏不党のジャーナリズムに大きな挑戦を突きつけた。選択肢は離脱か残留かの2つしかない。放送局は両方を同等に扱ったつもりでも、どちらの側からも偏向していると苦情が出た。ＢＢＣは「国民投票ガイドライン」を作成し、報道職員向けの研修を行った。

6月23日当日、投票は午後10時に締め切られた。ＢＢＣが離脱派の勝利を伝えたのは午前

４時35分。投票率は72・２％。離脱票が51・９％、残留票が48・１％の僅差となった。

ロイタージャーナリズム研究所がキャンペーン期間中の全国紙９紙の報道を調べたところ、９紙の中で６紙が離脱賛成派で、国民投票に関わる記事では41％が離脱支持、27％が残留支持で、離脱支持に傾く記事が圧していたと結論付けた。

放送については、カーディフ大学が４月15日から６月22日までの主要チャンネルの夕方の報道番組を対象に調査した。どの放送局も不偏不党の基準を満たすために離脱と残留の２つの選択肢を紹介したが、この基準への固執が逆に問題を引き起こしていた。どの放送局も「国民が知りたい情報、例えばＥＵの仕組みや国際貿易の本質、ＥＵ市民の社会参加による経済上の効果などを伝えるよりも、残留派と離脱派の互いへの反論のやりとりを報道する方に時間を割いた」という。「不偏不党を狭く解釈したがために、真実にたどり着くことができなくなった」。

残留にせよ離脱にせよ、どちらか一方の主張を固く信じる国民は、「事実」を示されてもそれを受け入れない傾向があった。ＢＢＣはニュースサイトに「リアリティ・チェック」コーナーを設け、離脱派が宣伝スローガンとしてくり返した「ＥＵに毎週３億５０００万ポンドを払っている」という主張が正確ではないことを説明したが、街頭インタビューではこの数字を事実としてあげる人が目についた。

「信じたいことを信じる」「専門家の意見は信用しない」「自分が信頼できる政治家の言説を信じる」。約半年後、２０１６年11月の米大統領選挙でも繰り返されるパターンが、すでにＥＵ離脱を巡る英国の国民投票キャンペーンで垣間見えた。

７月中旬、国民投票の結果を受けて辞任したキャメロンを元内相テリーザ・メイが引き継ぎ、保守党・党首及び英国の新首相に就任した。メイ首相（在職２０１６―２０１９年）は、オズボーン財務相やウィッティングデール文化相などキャメロン時代の閣僚数人を解任することで、政権の刷新を印象付けた。

公共放送にも求められる「対費用効果」

２０１７年１月から、ＢＢＣはその後11年間続く予定である新たな王立憲章・合意書の時代に入った。

これにともない、ＢＢＣトラストの代わりに設置される「ＢＢＣ理事会」は、非執行理事10人とディレクター・ジェネラルを含む執行理事４人の合計14人で構成される。非執行理事の中で一人は理事長、４人はスコットランド、イングランド、ウェールズ、北アイルランドのそれぞれを担当する。理事長と特定の地方を担当する非執行理事の職は公募され、君主の名で政府が決定する。残り5人の非執行理事は理事会が選ぶ。理事会はＢＢＣの運営面のガバナンスを担当し、規制を担当するのは引き続きオフコムである。業務移管の期間を経て、２０１７年4月から実施された。

憲章の有効期間が終了する２０２７年末までは受信料制度が維持されることに決まった。ただし、国家会計院がＢＢＣの財政状況を監査し、対費用効果（「value for money」）を精査する。

編集上の独立性を明確に規定しながらも、市場への影響と公益性のバランスが取れるようにする。全国あまねくサービスが提供されるようにし、番組制作の半数以上をロンドン外で行うことを目標とする。２００３年以来の通信法と関連規則が改正され、２０１６年9月からＢＢＣアイプレイヤーのみで番組を視聴する人も受信料を払うことが義務化された。

2月には、元イングランド銀行副総裁で２０１５年まで金融会社「ヴァージン・マネー」の会長だったデービッド・クレメンティがＢＢＣ理事会の理事長に任命された。日々の経営はディレクター・ジェネラルのトニー・ホール率いる経営陣が担うため、クレメンティの課題としては、高齢者世帯の受信料負担をどう賄うか、どうすればデジタル時代のメディア消費者の動向に見合うサービスを提供できるか、有料オンデマンド・サービスのネットフリックスやアマゾン・プライム・ビデオ等とどう競合していくか、といったことになる。

首相よりも高い報酬をもらったのは誰か

　２０１７年７月発表の年次報告書（２０１６年４月―２０１７年３月）の中で、ＢＢＣは初めて高額所得を得る職員やスターの名前と報酬を公開した。ただし、ズバリの金額ではなく給与幅を表記する形で、15万ポンド（２１００万円）以上の報酬を得る職員や出演者96人の名前が公になった。メイ首相の給与が約15万ポンドであるため、首相よりも高い報酬を得る人たちが公表されたことになる。

　トップはＢＢＣラジオ２のＤＪクリス・エヴァンズで、２２０万から２４９万ポンド（便宜上、下限の２２０万ポンドと表記。以下同じ）。当時の為替レートで換算すると、約３億２０００万円にも上る。２番目は元サッカー選手のスポーツ解説者・司会者のゲイリー・リネカーで１７５万ポンド。３番目になると金額は一気に２番目の半分以下に下落した。

　96人のうち、64人が男性で32人が女性である。ランキングの1位から7位までが男性で、女性が顔を出すのは8番目、『ストリクトリー・カム・ダンシング』の司会者の一人クローディア・ウィンクルマン。彼女の年間報酬額は45万ポンドで、男性トップであるエヴァンズの４分の１にも満たなかった。男性が圧倒的優位にあることを示す結果となった。

高額報酬を得ながらも名前が公表されない人もいた。ＢＢＣの商業部門「ＢＢＣワールドワイド」から収入を得る人や、独立制作会社に所属し、そこから報酬をもらう人である。複数の番組に出演し、一部は独立制作会社から報酬をもらう形を取る場合は、全貌が不明だった。ちなみに、経営陣の中で最高額の給与を得ていたのはディレクター・ジェネラルのホール（45万ポンド）であった。

国家統計局（ＯＮＳ）によると、２０１６年４月時点で男性の方が女性よりも18・１％多い賃金収入を得ていた。この統計値は、働く人の１％をサンプルとして抽出し、男性の賃金の中央値と女性の賃金の中央値を比較して計算した数字だ。

エヴァンズなどへの高額報酬について、ホールは人気が高い番組の司会者には「市場価格を払う必要がある」と説明した。報酬の男女差については、ＢＢＣ全体で計算すると９・３％となるため、ＯＮＳによる全国平均よりもギャップは小さいことを指摘し、「２０２０年までにその差を解消させたい」と述べた。しかし、「それまで待てない」とするＢＢＣの女性職員40人以上がホールあてに手紙を送った。「ＢＢＣは男女間の賃金格差を何年も前から把握していました。行動を起こすなら、今です」。

これを受けて10月に発表された男女の賃金格差についての内部調査報告書は、「ＢＢＣが組織的に女性に差別的な賃金を採用した証拠はない」と結論付けた。差が出た理由は「幹部職に女性の比率が少ないため」。ホールは「多くの他の組織よりもＢＢＣは良い状態にある」と述べた。

男女の賃金格差に抗議の辞任

２０１８年1月8日、ＢＢＣのジャーナリスト、キャリー・グレイシーは自分のブログ上で中国ニュースの編集長を辞任すると発表した。理由は男女の賃金格差だ。英国では、平均賃金法（１９７０年）や平等法（２０１０年）の下、雇用者は同一労働に対して同一賃金を支払うことが義務化されている。

前年7月に高額所得者の名前が公表された時、グレイシーは男女の給与格差を身をもって体験した。ＢＢＣの国際ニュース部門には、グレイシーを含めて４人の編集長がいた。グレイシーは中国担当で、ほかは北米編集長（男性）、中東編集長（男性）、欧州編集長（女性）である。15万ポンド以上の高額所得者96人の中に北米と中東の男性編集長２人は入っていたが、ともに女性である自分と欧州担当者の名前はなかった。

　グレイシーは上司に、４人の給与を同一にするよう求めたが、提示された金額でもまだ男性編集長の給与とは大きな隔たりがあった。中国ニュースの編集長の職から降りたグレイシーは、ロンドンのＢＢＣ本部を拠点にする報道キャスター職に戻った。

　グレイシーの抗議によって、ＢＢＣでの男女の賃金格差が社会問題となった。これを受けて、下院のデジタル・文化・メディア・スポーツ委員会が公聴会を開いた。１月31日、召喚されたグレイシーは自分の給与が男性陣と比べてはるかに低い理由として「あなたは成長途中だから」と上司に言われたことを暴露した。30年以上ＢＢＣに勤務し、中国関連のニュースの責任者として赴任したグレイシーを「成長途中」とするのは「侮辱だ」。悔しさで涙声になった。

　委員会には「ＢＢＣウィメン」というグループから賃金格差についての現状をまとめた書類が提出された。１７０人の女性職員を代表するこのグループは、「同等の仕事をする男女に同等の給与を支払うべしとする平等法（２０１０年）にＢＢＣは長年にわたって違反している」と冒頭に書いた。

　一方、同じく公聴会に出席したホールは、男女の賃金格差はあってはならないことだが、編集長職にも「序列がある」と述べた。BBCのニュース部門責任者は、北米を扱う業務では常時ニュースを送り出すことが必要とされるが、中国ニュースの場合は「常時ではない」など、扱いが異なることを指摘した。

約半年後の6月、BBCはグレイシーに謝罪した。北米編集長との給与差を補填する金額をBBCが支払うことで両者は和解し、グレイシーは受け取った全額を慈善団体に寄付した。グレイシーはその後もBBCのニュース部門で働いた後、2020年夏、BBCを去った。

「50：50」プロジェクト

2016年、ある平日の午後7時。BBCのニュース専門チャンネルで『アウトサイド・ソース』が始まった。司会者のロス・アトキンスが、世界中から送られてくる最新ニュースをタッチスクリーンを使って紹介していく。午後10時過ぎに仕事を終え、アトキンスは自宅まで車を運転しながらBBCラジオのニュースを聞いていた。ふと、あることに気が付いた。女性が一人も登場しなかったのだ。家に帰れば妻と娘2人がいる。「もっと女性が参加するべきではないか」。

アトキンスは女性の出演を増やすために通常の段取り、つまり企画書を書いて上司に見せ、賛同を得てから実行に移すというステップは踏まないことにした。まずは小さく、自分の足元から始めてみようと思ったのである。最初のステップは、自分が担当する番組に出る女性の人数を数えること。データを取って次第に女性の数を増やしていけば、公正かつ長続きする習慣となっていくはずだ。番組のスタッフに話してみると、「こっちの仕事量が増えるんじゃないかな」「これはクオーター制？」「数を揃えるだけで公正と言えるだろうか」などの反応があったが、アトキンスは「女性の数を数えれば、データを上層部に届けることもできるし、意識も変わるよ」と答え、第一歩を踏み出した。

「数える」という行為のシンプルさ、そして「上からの指示ではない」ことが功を奏した。翌２０１７年の年明けから開始し、当初は女性出演者は全体の40％にも満たなかったが、４カ月後には50％に達した。ほかの報道番組の職員にも口コミでこの話が広がり、お互いの情報を交換するようになっていく。

２年後の２０１９年４月、ＢＢＣはアトキンスのプロジェクトを組織全体に広めるべく、「50：50リポート」を出した。この時までに、ＢＢＣ内では５００の報道チーム、ＢＢＣ外では20のメディア機関がプロジェクトを導入していた。ＢＢＣの女性職員たちが男女格差のない給与体系の実現に向けて格闘する一方で、アトキンス発案の「50：50」プロジェクトは次第にその輪を広げていった。

２０１８年７月11日、ＢＢＣの年次報告書（２０１７年４月—２０１８年３月）が発表される。今回も、大きな注目どころは職員とスターの報酬額だった。トップから12位までは全員男性で、男性優位の傾向は引き続き明確だったものの、その内訳は前年とはずいぶん異なる。トップはサッカー解説番組『マッチ・オブ・ザ・デー』の司会者ゲイリー・リネカーの１７５万ポンド（２億６０００万円）で、金額に前年からの変更はない。２番目のラジオＤＪクリス・エヴァンズは昨年のトップだったが、報酬が昨年の２２０万ポンドから１６６万ポンドに大幅減。ほかにも数人が報酬の大幅削減に同意した。

初めて報酬リストに顔を出したのは、ＢＢＣ２の報道番組『ニューズナイト』の女性司会者エミリー・メイトリス、欧州編集長カティヤ・アドラーなどを含む８人。そのほとんどが男女の賃金格差の解消を求めたグループ「ＢＢＣウィメン」の仲間たちだ。

前回のランキングでトップとなったエヴァンズは、「高額すぎる」という批判を厳しく受け止めた。今回の報酬額公表から２カ月後、13年間続けてきたＢＢＣラジオ２の朝の番組から降り、ＢＢＣを去った。

若者のＢＢＣ離れ

２０１９年７月、最新の年次報告書（２０１８年４月―２０１９年３月）が発表された。近年、視聴者がＢＢＣの番組やコンテンツを利用しない傾向が続いていたが、特に下落幅が大きいのが16―34歳の若者層で、毎週ＢＢＣのテレビを見る人は前年の60％から56％に減少した。この層では週間平均視聴時間も３時間弱から２時間半に落ちた。ＢＢＣのテレビ視聴は55歳以上に支えられ、この層では92％にリーチし、平均視聴時間は週に13時間に達する。若者層の５倍以上と圧倒的に高い数字だ。

若い世代でのテレビ人気が下落する一方で、伸びを見せたのがオンラインでの利用やオンデマンド・サービスの「ＢＢＣアイプレイヤー」だ。中でも特に人気となったのが、警察の腐敗を暴くドラマ『ライン・オブ・デューティ』の脚本を書いたジェド・マーキュリオによる政治スリラー『ボディガード』（２０１８年８―９月）や、韓国系カナダ人サンドラ・オーが英国情報機関の捜査官を演じ、不思議な魅力を持つ女性殺人者との戦いを描く『キリング・イヴ』（２０１８年４月―２０２２年４月）などだ。

15万ポンド以上の収入がある職員やスターは前年の64人から75人に増えた。その60％は男性で、女性の比率が増えているものの、50％には至らなかった。前年に引き続き、トップはサッカーの解説者ゲイリー・リネカーだった。上位11人の中に入った女性は３人で、その中の一人が司会者ゾーイ・ボールである。彼女はＢＢＣを去ったエヴァンズの仕事を引き継いだ。前年に引き続いて報酬の大幅減を受け入れた人も数人出た。

職員の女性比率は47・９％。管理職だけに絞ると43・８％となる。有色人種の職員は全体の15・３％、障がいのある人は10・２％、ＬＧＢＴを自称する人は10・８％となった。

コロナ禍ならではのドラマ

２０２０年１月31日、英国は正式にＥＵを離脱した。その意味について十分に考える暇もないままに、世界各国で広がりだした新型コロナウイルスが社会のあらゆる部分に影響を及ぼすようになった。

３月23日、新型コロナの感染拡大を防ぐため、英国は「ロックダウン」体制に入った。生活必需品を買いに出る、医療サービスを受ける、運動する、あるいは自宅勤務が不可能な場合の出勤などの例外をのぞいて外出が禁止された。

ＢＢＣは政府の記者会見を毎日放送するとともに、専門家が視聴者からの質問に答える番組や、医療現場を記者が取材した番組を流し、ウェブサイトにも特設コーナーを作ってこの感染症に関わる情報の真偽を検証した。利用者が自分の居住地の郵便番号を入力すると、その地域の感染者数、死者数などが分かるコーナーも作った。自宅で過ごす時間が大幅に増えた２０２０年、オンデマンド・サービス「アイプレイヤー」での番組再生リクエストは前年よりも85％増加した。

子供たちが学校に行けなくなり、オンライン授業が行われるようになると、ＢＢＣは3歳から16歳までの子供の教材を提供するウェブサイト「バイトサイズ」を拡充し、児童、親、教師がすぐに使える学習資料を提供した。

コロナによる行動制限が続く中、テレビ会議用アプリ「ズーム」の利用が急速に広がった。「ズーム・ドラマ」の一つとして制作されたのが、6月末から放送された『ステージド（仕組まれた）』である。著名男優2人がそれぞれの自宅の一室から自分たち自身を演じ、ズームの画面越しに会話を交わす。俳優としての気概や互いへの妬み、ジョークなどが混在する1話二十数分の番組だ。次第に固定ファンを増やし、２０２２年秋放送の第3シリーズまで制作された。

司会者の主観は許されるか

コロナ関連のジャーナリズムで、ＢＢＣの原則である「不偏不党」を逸脱したと指摘されたのが、「ＢＢＣウィメン」の一人として名を連ねたエミリー・メイトリスだ。

事の起こりは、官邸上級顧問ドミニク・カミングスの行動だった。最初のロックダウン規制が始まってからまもない3月27日、カミングスが家族とともに車で４００キロ以上を移動し親族を訪問していたことが、5月になって明らかになった。カミングスは妻がコロナに感染したため、４歳の息子の面倒を見てもらうため北東部ダラムに住む父の家に向かったと説明し、「合法的に」行動したと報道陣に語った。報道陣も一般市民もこの答えに納得がいかなかった。与野党はカミングスの解雇を求めたが、当時のジョンソン首相は応じようとしなかった。

5月25日、カミングスは首相官邸で記者会見を開いて事情を説明した後で、政府が罹患者は自宅に留まるよう要請していることは知っていたが、この規則は「極端な」状況には自由裁量の余地を与えているとして、「ガイドラインは守った」と主張し続けた。翌26日の夜、ＢＢＣ2の報道番組『ニューズナイト』で司会を担当したのがメイトリスである。メイトリスはカメラを見据えてこう切り出した。「こんばんは。ドミニク・カミングスは規則を破りました。国全体が（この事実を）知っています。政府にはそう見えないとは、衝撃です」。メイトリスは首相が側近を擁護していることを指摘し、「今日、私たちはこのやみくもな忠誠心によって官邸内部がどう機能するのかに注目します。政府閣僚は出演しそうにありませんが、問いかけることを阻むものではありません」。

ＢＢＣはメイトリスの発言が不偏不党のガイドラインを破ったと判断した。「番組の冒頭はこれから展開する問題についての概要を、それを裏付ける事実や証拠とともに紹介するコーナー」と位置付けられるにもかかわらず、当該の放送では「ＢＢＣが一方の肩を持ち、意見を表明し、不偏不党ではないという印象を与えた」と。

メイトリスは、２０２１年末にＢＢＣを去った。翌２０２２年2月、ＢＢＣの元北米編集長とともにポッドキャスト『ニューズ・エージェンツ』を始めると発表した。

２０２２年夏、スコットランドの首都エディンバラで開催されたテレビ祭で基調講演を行ったメイトリスは、カミングス事件に触れながら、メディアの自己検閲に警鐘を鳴らした。メイトリスによると、問題の『ニューズナイト』放送の翌朝、官邸から苦情の電話が入った。まもなくしてＢＢＣは、メイトリスによる冒頭の紹介部分が不偏不党性から逸脱した、と結論付けたという。

「人種差別主義については、ＢＢＣは不偏不党ではない」

「呼吸ができない。助けてくれ」

白人の男性警官の膝に首を強く押さえつけられ、地面に伏した黒人男性が苦しそうに懇願する。黒人男性が何の反応を示さなくなっても、警官は膝を動かそうとはしなかった。２０２０年５月25日、米ミネソタ州ミネアポリス。黒人男性ジョージ・フロイドは、警官による首への圧迫によって窒息死した。通りがかりの人が路上で撮影した動画は世界中に拡散された。

フロイド事件をきっかけに、世界各地で反人種差別を訴えるデモが続々と発生した。合言葉は「ブラック・ライブズ・マター（Black Lives Matter＝BLM）（黒人の命をないがしろにするな）」。黒人に対する暴力と組織的な人種差別に反対するキャンペーンに由来する言葉である。

英国の黒人市民たちの多くは、フロイドを映した衝撃的な動画を自分事として受け止めた。デモの一つに参加したある黒人青年はＢＢＣの取材に対し、「自分やほかの黒人市民の姿が重なって見えた」と話している。

２０２１年の国勢調査によると、英国の総人口の５分の４を占めるイングランド・ウェールズ地方住人の81・7％は白人だという。アジア系（インド、パキスタン、バングラデシュ、中国ほか）は9・3％、黒人（アフリカ系、カリブ海系ほか）は4％。首都ロンドンは特異的に人種の多様性に富んでおり、46％弱がアジア系・黒人系・ほかの少数民族となる。

フロイド事件の発生で人種差別問題が改めて注目されると、BBCは抗議運動の広がりや差別に苦しんだ市民、著名人などの声を伝えるようになった。差別解消に向けた専門組織の意見を紹介するとともに、人種差別や過去の奴隷貿易・植民地制度を批判的に検証する特別番組を次々と放送した。

2020年6月、BLM運動や奴隷制度についての関心が高まる中、時流とフィットしたドラマが放送された。『アイ・メイ・デストロイ・ユー（あなたを破壊するかもしれない）』と題されたこの番組は、企画・制作総指揮・監督・主演といった主要な役割を、ガーナ出身の両親の元でロンドンに生まれ育ったミカエラ・コールが務めた。BBCと米放送局ホーム・ボックス・オフィス（HBO）用に作られ、全12話からなる。

コール演じる若手作家は、ロンドンのクラブで飲み物に薬を入れられて性的暴行を受けながらも、記憶をたどりながら自分の生活を取り戻していく。実体験を基にしたという。性的同意、人種、芸術、トラウマ、再生についての熟考を迫るシリーズは高い評価を得た。翌2

０２１年の英アカデミー賞テレビ部門で、最優秀ミニドラマシリーズ、最優秀女優賞、最優秀フィクション監督賞、最優秀ドラマ作家賞を獲得した。

11月には、アーティスト、彫刻家、写真家として活動を続け、２００８年から長編映画の世界に入ったスティーヴ・マックイーンによるドラマシリーズ『スモール・アックス（小さな斧）』が放送された。マックイーンはカリブ海グレナダ出身の母とトリニダード島出身の父の間にロンドンで生まれた。企画実現の10年ほど前から、生まれ育ったロンドンにある西インド諸島出身者のコミュニティを題材にしたドラマの企画を練ってきた。シリーズを構成する5本のドラマはいずれもマックイーンが監督を務め、脚本は数人と共同執筆した。

「スモール・アックス」とは、ジャマイカのシンガーソングライター、ボブ・マーリーの歌に由来する表現だ。「そっちが大木なら、こっちは小さな斧だ／お前を切り倒せるように刃をよく研いであるぞ」。大人数で力を合わせれば、大きな木も倒せることを象徴する。

ＢＢＣはその公的目的として、「英国の国家、地域、すべての多様なコミュニティを反映し、代表し、奉仕する」ことが定められている。多様性が王立憲章の中に義務として入ったのは、２０１７年に制定されたものが初めてだ。

フロイド事件後、組織としてのＢＢＣの立ち位置が改めて問われた。「人種差別主義については、ＢＢＣは不偏不党ではない」とディレクター・ジェネラルのホールは述べ、多様化に向けて今後3年間で1億ポンドの投資をすると宣言した。また、新規で制作されるすべての番組において、担当職員の20％をＢＡＭＥ（Black, Asian and Minority Ethnic＝黒人、アジア人、少数民族）、障がい者あるいは社会的・経済的に低い層から幅広く採用することを義務化し、次の年次報告書からその結果を報告することを決めた。

しかし、変化の速度が遅く不十分という指摘がある。ＢＢＣでシリーズドラマを作ったマックイーンは、米国で映画撮影をした後に12年ぶりに英国のテレビ制作現場に入ったが、白人ばかりの光景に衝撃を受けたという。「（テレビ・映画業界の）文化を変えるべきだ。この業界の多くの人が、まるでそれが普通であるかのように振る舞っている。あからさまな人種差別だ」。マックイーンはＢＡＭＥの人材を育てるインフラがないと指摘している。「今こそ、変化を起こす時だ」。

必要とされなければ、存在する権利はない

ＢＢＣを立て直すためにやってきたトニー・ホールは、7年余りを経た２０２０年8月末、ＢＢＣを去ることになった。退任後は国立美術館の会長になる。次のディレクター・ジェネ

図14：現ディレクター・ジェネラルのティム・デイビー（2024年5月現在）©BBC

ラルは商業畑の経験が長く、ホールの就任まで代行役を務めたティム・デイビーである（在職２０２０年９月から現在／図14）。

リースから数えて17代目のディレクター・ジェネラルに就任したデイビーは、９月３日、職員に向けて就任演説を行った。現在は英国の成人の91％がＢＢＣを利用しているが、将来に目を向ければ、現状に「あぐらをかいてはいられない」「万人向けのＢＢＣの将来は当然視できない」、ＢＢＣは「存在する権利を持っているわけではない」。

激変するメディア環境の中でも視聴者にとって価値がある存在になるため、デイビーは４つの優先事項をあげた。「不偏不党を徹底する」「唯一無二で、大きなインパクトを与えるコンテンツに重点を置く」「オンラインをもっと活用する」「商業収入を増加させる」である。

デイビーは不偏不党性について「あればよい、ということではない。私たちのまさに本質であり、これこそ、視聴者がＢＢＣに来る理由だ」と言い切った。「もし自説を曲げないコラムニストやソーシャルメディアで党派的なキャンペーン活動をする人になりたいのなら、それはそれでまっとうな選択だが、ＢＢＣで働くべきではない」。

また、ＢＢＣはリニア放送からオンデマンドに移行中で、しばらくはどちらも並行して行うハイブリッド型とするものの、「リニア放送の拡大の時期は終わった」と断言している。ＢＢＣのオンラインサービスは躍進を遂げてきたが、現状に満足してはいけない。「先に動いていかないと取り残される」「（オンラインによって）視聴者とより深い結びつきができる大きな機会だ」。

商業収益の確保は、ますますグローバルになるメディア市場の中で最高の番組を作るための投資や提携関係を強化することに主眼があった。そして商業活動から得られた利益を、受信料を払っている英国の視聴世帯に還元する意味で重要視するという。

ＢＢＣの職員一人ひとりが優先事項の推進に向かって役割を果たすため、デイビーは組織改革にも手を付けようとしていた。ＢＢＣがすべての視聴者に近づくには「もっと英国全体を代表する組織になる必要がある」のだ。デイビーは、職員の男女比率を50％ずつにし、ＢＡＭＥは少なくとも20％、障がい者は少なくとも12％にする「50：20：12」の目標を掲げた。

教育程度や家庭の富裕度などの面でもバランスが取れ、ＬＧＢＴＱ＋の人も真に内包される組織を作りたいという。さらに、ＢＢＣがロンドン中心であることに批判が出ていることを踏まえて、英国全体に拠点を置くようにする。同時に、組織全体をスリム化し、「不必要な委員会や会議をなくしたい」。

デイビーはＢＢＣが所有する商業サービス「ＢＢＣスタジオズ」の前ＣＥＯで、その前は民間企業でマーケティングを担当していた。ＢＢＣにやってきたのは２００５年。マーケティング・通信・オーディエンス部門で働いた。１９９０年代にはロンドン自治地区の一つで保守党協会の役員だったこともある。

デイビーの就任演説は、不偏不党性の維持、商業活動の重視、組織のスリム化など、全体として保守党政権が喜びそうな内容となった。政府と歩調を合わせながらＢＢＣのかじ取りができる人物がトップに立った印象を与えた。

減り続ける収入を補填するには？

２０２０年９月中旬に発表された年次報告書（２０１９年４月—２０２０年３月）によると、高額所得者のトップ11人のうち女性は４人。トップのリネカーを含め、依然として男性の割合の方が高くなった。職員の男女賃金格差は前年度の６・７％から６・２％に改善された。全国平均は17・３％だ。ＢＢＣの全職員の中で女性は48％、指導陣では45％。目標とする50％に限りなく近づいてきた。

ＢＢＣの一貫した課題の一つは、財政難をどうするか。２０１０年から２０１６年までＢＢＣの受信料は１４５・50ポンドで凍結され、２０１７年以降はインフレ率と連動したものの、それでも微増に留まった。２０２０年にはコロナによる負の影響も出た。２０１０年度から２０２０年度までに、実質的な公共サービス用予算は30％減少していた。この年度の受信料による収入は75歳以上の高齢者世帯に対する受信料の支払いを政府が段階的に停止する方向に向かったことから、１億７０００万ポンド減の35億２０００万ポンドに。視聴習慣の変化や視聴世帯総数が伸びていないことが原因となって、受信料（受信免許）件数が減る傾向も見えた。

収入減を補填する役割として期待を背負ったのが、商業サービスの「ＢＢＣスタジオズ」だ。デジタル・サービスのテレビチャンネル「ＵＫＴＶ」を買収して投資を拡大させ、記録的な販売収入・利益を得た。また、民放ＩＴＶと協力し、ＢＢＣとＩＴＶの番組を有料で提供するオンデマンド・サービス「ブリットボックス」を始めた。国際放送ＢＢＣワールドサービスはリーチ力を11%増大させ、世界中から毎週３億５１００万人が視聴した。

オンデマンドの視聴サービス「アイプレイヤー」は動画コンテンツを扱っているが、９月からラジオ版のアイプレイヤーをポッドキャストも含めた幅広いオーディオコンテンツが楽しめる「ＢＢＣサウンズ」に刷新した。動画版アイプレイヤーのコンテンツには少なくとも放送から1年間はアクセスできるように改良した。英国に住む成人のほとんどが週に一度はＢＢＣのコンテンツにアクセスしていたが、若者層はＢＢＣよりもユーチューブ、ティックトック、そしてメッセージングサービス、ワッツアップなどに熱中している。受信料を払ってＢＢＣの番組を見ようとする世代が近い将来、いなくなるのではないか？　ＢＢＣは常にこの問題と格闘するようになった。

「ツイッターができない記者はいらない」

不偏不党はＢＢＣの発足時からどの職員も肝に銘じる方針だが、デイビーは殊更これを強調する。その厳しい姿勢が明確になったのは、２０２０年9月29日、デイビーが下院のデジタル・文化・メディア・スポーツ委員会の公聴会に出た時だった。ソーシャルメディア上で不偏不党の規則を破った職員・司会者には「適切な懲戒措置」を取り、アカウントを閉鎖させることも辞さないと述べた。「ＢＢＣを代表する顔になっている人物が政党政治の議論に加わることは正しくない」。

10月29日、ソーシャルメディア利用の新たな指針が発表された。対象は、フリーランスを含めたＢＢＣで働く人々だ。ＢＢＣ職員の場合は、①常にＢＢＣで働く人間として振る舞い、他者に敬意と礼儀をもって接する、②ＢＢＣの信用を失墜させない、③職務で不偏不党の維持が必要とされる場合、公共政策、政治、あるいは議論を呼ぶような事柄について個人的な意見を表明しない、④同僚を公然と批判しない、など。これらの指針は、個人として私的にソーシャルメディアを使う場合にも適用される。

③については、「ＢＢＣで働き始めた時から、不偏不党の維持が義務化されている」と補足した。「『私的な』グループでの発言でも、公的な場所での発言と同等の基準を採用する」「個人的なアカウントと公的なアカウントに違いはなく、発言の責任放棄はできない」「不適切な意見の交換には参加しない」、ＢＢＣ勤務という立場を使って「個人的な利益を得ない、キャンペーン運動をしない」なども入った。

報道番組の職員の場合は、選挙時の投票先や支持政党の公表をしてはならない。また「どれほど崇高な目的であっても、ハッシュタグを使うなどしてキャンペーン運動の支持を表明してはいけない」「個人的なアカウントでスクープを発表してはならない」など、さらに厳しい規定がある。絵文字の使用やリツイート（転載）なども、「特定の視点への支持表明」と解釈される場合がある、として戒めた。

指針発表の翌日、デイビーは報道関係以外の番組で働く職員は「一個人として」ＬＧＢＴやＢＬＭのイベントやデモに参加してもよいと説明した。同時に、報道関係者が参加する場合は、政治的あるいは論争を呼ぶような事柄にはかかわらないようにと注意を喚起した。

２０００年代後半からソーシャルメディアの利用が国民の間で広がるようになると、ＢＢＣは職員に新たな通信プラットフォームへの参入を奨励した。「ツイッターができない記者はいらない」とまで豪語した編集幹部もいた。ソーシャルメディアを通して情報が行き交うようになり、著名なＢＢＣ記者は大量のフォロワーを抱えるようになった。ソーシャルメディアは、今やＢＢＣのジャーナリズムの一部となった。

デイビーは不偏不党の徹底を職員らに課すことによって、一定の統制を導入しようとした。しかしこれは、どこまで実際的な指針たりえるのだろうか。

ゴールドマン・サックス出身の新理事長

２０２１年１月、米投資銀行ゴールドマン・サックスの元銀行家リチャード・シャープが、政府推薦によってＢＢＣ理事長に就任する可能性が高いと分かった。理事長職は公募から始まり、官僚によって候補者が絞り込まれる。この中から政府が推薦する人物を選び、デジタル・文化・メディア・スポーツ省の諮問委員会による公聴会で質疑応答が行われる。

シャープは父親が米企業の経営幹部で、子供時代の一時期を米国で過ごした。オックスフォード大学卒業後は金融界に入ってゴールドマン・サックスに勤め、退職前には欧州の投資事業部統括者だった。２０２２年に首相に就任するリシ・スナクは、この頃の部下の一人である。長年にわたる保守党の献金者で、２０２０年初頭からの新型コロナ拡大防止のためにロックダウン体制が敷かれると、シャープは財務相だったスナクから頼まれて、企業向け融資の枠組み作りに無給で知恵を貸した。

１月14日、諮問委員会による公聴会で、シャープは年間16万ポンドの報酬全額を慈善組織に寄付する意向を表明した。「では、就任で得になることはあるのですか」と委員に聞かれたシャープは、ユダヤ人の祖父母が迫害を逃れて英国にやってきたことを説明し、「自分は幸運だった」「もし何らかの貢献ができれば、これほどうれしいことはない」。

２月、シャープの理事長就任が決定した。任期は２０２５年２月までである。

７月、恒例の年次報告書（２０２０年４月―２０２１年３月）が発表された。最大の注目が集まるスターや職員の報酬額だが、この年もトップはサッカー番組の司会者リネカーだった。40万ポンドの減額に応じていたが、それでも１３６万ポンドである。年間15万ポンド以上の高額所得者71人のうち、女性は31人。

新型コロナ禍にロックダウンが何度も実行されたことで、「ＢＢＣアイプレイヤー」の再生申請回数は61億回に達し、前年比28％増を記録。若者層によるＢＢＣのコンテンツへのアクセス率は下落傾向が続く。一方、「ＢＢＣサウンズ」は合計13億時間に上る音楽、トーク、ポッドキャストを提供し、16―34歳の間では90万人がこの年初めてＢＢＣサウンズを利用した。

翌２０２２年１月16日、ナディーン・ドリス文化相がＳＮＳ上で爆弾宣言をした。ＢＢＣの受信料の値上げについて議会で報告する前に、「受信料についての発表はこれが最後だ」とツイッターでつぶやいたのである。聖域化されてきた受信料制度がもし廃止され、見たい人だけが料金を払うサブスクリプション制に移れば、ＢＢＣの収入はガタ落ちすると言われている。ＢＢＣの存続そのものも危なくなる。多くの識者が反対意見を次々と表明し、ドリスはつぶやきを事実上撤回せざるを得なくなる。

翌日、文化相は議会での演説で受信料制度の廃止は提案しなかったものの、ＢＢＣに対する厳しい姿勢を明確にした。インフレ高騰が続く中、家計への負担をこれ以上大きくしないために、２０２２年4月以降の2年間は受信料を現行の１５９ポンドに据え置くと発表したのである。２０２４年以降は物価上昇率に合わせた値上げ率となり、２０２７年末で期限が切れる王立憲章の後の財源制度については検討を始める、と表明した。

ＢＢＣ側は、現行の受信料収入が過去10年と比較して実質的には30％減少していると指摘した。デイビーによると、今回の据え置きで２０２７年度中に2億８５００万ポンドの予算不足になると予想され、サービスに影響が出るのは避けられない。ＢＢＣは２０１６年度以降、年間10億ポンドを超える削減策を進めてきた。これに加えて、今後2年間の据え置きは大きな打撃になることを意味した。

ウクライナ侵攻での使命

２０２２年2月24日、ロシアが隣国ウクライナに侵攻する。英国政府はＢＢＣに４１０万ポンドの緊急資金を拠出し、ＢＢＣの国際放送の充実化を支援した。3月4日、ロシア政府は国内からのＢＢＣロシア語放送へのアクセスを遮断したが、この直前、２月の最終週には約１７００万人が利用していた。通常の３倍である。

アクセス遮断後、ＢＢＣは現地の独立系ジャーナリストに対し、ロシア政府の遮断を回避する方法を教えるなどの支援を提供し、英語とロシア語で新たなティックトックのアカウントを開設。ＢＢＣの国際ニュースチャンネル「ＢＢＣワールドニュース」へのアクセス拡大にも力を入れた。ウクライナ語のデジタル・サービスの利用者数は通常の３倍の５５０万強に達し、ＢＢＣウクライナのサイトへは約２倍の４００万回、ソーシャルメディア版にはおよそ３倍の２５０万回のアクセスがあった。

受信料制度の危機

ドリス文化相は４月、英国の放送界の将来を展望する白書「次のスタート――放送業界のための政府の構想」を発表した。メディア業界の激変ぶりをデータによって解き明かし、ＢＢＣの受信料制度が永続しえないことを示してみせた。受信料制度に疑問を投げかけることは、もはやタブーではなくなった。

白書は冒頭で、「英国のクリエイティブ経済は世界的な成功例だ。我が国の公共サービス放送はその成功の脈動する心臓に相当する」「政府は放送業者がそうあり続けるようにしたい」と記した。「クリエイティブ経済」とは、アートやメディアなど創造的価値を生み出す産業を指す。

白書によると、１日当たりの動画の視聴時間は２０１７年の４時間49分から２０２０年の５時間40分に増えたが、放送局の番組を放送時に視聴（「リニア試聴」）する時間の割合は74%（２０１７年）から61%（２０２０年）に減少。２０２２年３月時点では50%弱となった。逆に、有料動画サービスが視聴時間全体に占める割合は２０１７年の６%から２０２０年の19%に増加。視聴者の約半分が、ネットでの動画視聴をテレビや映画コンテンツを楽しむ際の主要なプラットフォームとして利用するようになっている。

ディスプレイ広告市場では、テレビ放送用広告の比率が２０１５年までは約40%を占めていたが、２０２０年には27%まで下落。広告主がますますネットに移動している。79%の世帯がネットに接続されたテレビを所有し、より幅広いコンテンツにアクセスするようになっている。ラジオ番組を含む音声コンテンツをネットで提供するサービスが「過去３年で飛躍的に伸びている」。テレビあるいはラジオの前に座って、同じ時間に同じ番組を見たり、聞いたりすることを前提とする「マスメディアの時代は終焉した」。

英国の主要放送局は新たなメディア環境に加えて、国内のコンテンツ市場に到来したグローバル化の波にも対応せざるを得なくなっている。ネットフリックス、アマゾン、アップルなどは英国の放送局とは比較にならないほどの大きな予算で国際的にサービスを展開している。英国の放送局の場合、主力ドラマの制作費は1時間の作品で２００万ポンド弱だが、国際的な投資が入ったドラマはその3倍の６００万ポンドを投じている（英国のオーディオ・ビジュアル界の業界組織「ブリティッシュ・スクリーン・フォーラム」調べ）。

政府は、２０２７年度までは一律徴収型の受信料制度が維持されることを認めつつも、視聴者の番組コンテンツへのアクセスの仕方が大きく変わっていることを指摘する。「放送時に番組を視聴する人が減っており、受信認可を獲得しないことを選択する世帯が増えている」。もしこのトレンドが続くようであれば、受信料を払う人がさらに減ってゆき、「ＢＢＣは受信料を上げざるを得なくなる」。

政府はまた、受信料の未払いが刑事罰につながる現行制度に懸念を示す。75歳以上が住む世帯での受信料の支払い免除は２０２０年から廃止されており、「弱い立場にいる高齢者」「特に女性」が刑事罰の対象になりやすいことも指摘。「もっと公正で適切な資金繰りのメカニズム」を導入するべきではないか、と提案した。

女王の死、そして100周年

7月上旬、ジョンソン首相が保守党の党首辞任に追い込まれた。政府が課した新型コロナの行動規制を逸脱して、官邸で何度もパーティーを開いていたことが発覚したのだ。閣僚が次々と辞任を表明し、政権運営が不可能になった。

ジョンソン辞任表明の激震が続く7月12日には、BBCの年次報告書（2021年4月―2022年3月）が公表された。最も多くの報酬を受け取ったのは、またもやサッカー解説者のリネカーである。15万ポンド以上の高額報酬を得た出演者は74人で、女性は33人（45%）。男女の給与格差は、前年度の5・2%から5・9%に拡大した。

視聴傾向としては、英国の人口のほとんどが毎週BBCのいずれかのサービスにアクセスしている点は変わらなかったが、視聴時間は前年度の週8時間11分から7時間12分に減少した。新型コロナで自宅待機が多かった時と比較したため減っていたのかもしれない。ただ、「アイプレイヤー」の利用は12%増加していた。

9月5日、元外相リズ・トラスが保守党の党首選で勝利した。英国で3人目の女性首相が誕生することになる。

通常は党首就任日にエリザベス女王から組閣を依頼されるが、この時、女王はスコットラ

1926 2022

The end of the Elizabethan age

» The Queen is buried in Windsor at dusk, next to her husband, sister and parents
» Thank you and goodbye: hundreds of thousands of people line roadsides along route
» Unprecedented public gathering of world leaders for her state funeral in Westminster
» Vast procession brings London to a standstill, with spectacular military display

TUESDAY
20 SEPTEMBER 2022
70p

A farewell, a beginning - and perhaps a storm, too
by James Naughtie

What Charles III can learn from his mother
by Vernon Bogdanor

Never have crowds so vast been so silent
by Jennie Bond

William, a king in training

図15：「エリザベス時代の終焉」と題してエリザベス2世の国葬の模様を伝える紙面

ンドのバルモラル城に滞在中だったため、トラスが女王と接見の機会を持ったのは翌6日になってからだった。この時の女王はカーディガンにスカート姿。片手に杖を持ってはいたが、元気そうな笑顔をカメラに向けた。

新政権発足から2日後の9月8日、エリザベス女王が急死する。英国は女王の喪に服する期間に突入し、新政権の活動は国葬が終わるまで停止状態となった（図15）。

BBCは女王の死去を発表した8日夕方から特別報道体制に切り替え、19日の国葬が終了するまで、女王の人生を振り返りその功績を讃える番組でゴールデンタイムを埋めた。女王の遺体はウェストミンスター宮殿のホールに安置され、その模様をＢＢＣのデジタルチャンネルの一つが24時間、生中継で放送した。世界中から弔問者が訪れ、ホール内に入るために長い列ができた。列に並ぶことができない人も、ホール内の弔問の様子を見て、女王に敬意を表することができた。数時間にわたる国葬特別番組を、英国内では２９００万人が視聴した。いざという時、国を一つにまとめる役割をまたもやＢＢＣは務めたのである。

ＢＢＣが開局１００周年を迎えたのは、女王の死去からまもない２０２２年10月18日のことであった。１００周年を記念する特設ウェブサイトにはこれまでの歴史を振り返る様々なエピソードや情報が掲載され、複数の特別番組が放送された。

１００周年を記念して発行された硬貨の片面には、ＢＢＣの国際的なネットワークを反映するかのように、地球とその上に立つアンテナ塔が彫られている。地球の周囲を３つの輪が囲む。上の輪には「１９２２―２０２２」、真ん中の輪には「私たちのＢＢＣの１００年（100 YEARS OF OUR BBC）」とあり、その下の輪には初代ディレクター・ジェネラル、リースにより考案されたＢＢＣのミッションが刻まれた。すなわち、「情報を与える、教育する、楽しませる（INFORM, EDUCATE, ENTERTAIN）」である。

ＢＢＣは次の１００年に足を踏み出した。

第 6 章

「国民と王室の絆」

ダイアナ元妃、エリザベス女王とBBC

王室との付き合いも１００年

２０２３年5月6日午前11時少し前。カミラ王妃とともに金色の馬車に乗ったチャールズ国王が、ロンドン・ウェストミンスター寺院に到着した。急死した母・エリザベス女王を引き継いで「チャールズ3世」として戴冠式に出席するためだ。日本からの参列者は秋篠宮夫妻である。ＢＢＣは式の様子を早朝からＢＢＣ１、ＢＢＣ２、ＢＢＣアイプレイヤー、複数のラジオチャンネルで生中継し、民放もこれに続いた。ピーク時には国内の約２０００万人が戴冠式の番組を視聴した。

１９２０年代の開局以来、ＢＢＣは王室と密接な関係を築いてきた。クリスマスの日に君主が国民にメッセージを送る習慣が始まったのは、１９３２年12月である。マイクの前に座った国王ジョージ5世は、海外向け英語放送「エンパイアー・サービス」を通じて大英帝国各地に住む国民に語り掛けた。第二次世界大戦勃発から3カ月後の１９３９年12月には、吃音症のために演説が不得手だったジョージ6世が海軍元帥の軍服姿で生中継の放送に臨み、国全体で共通の目的のために闘う意識を醸成させた（図16）。国王と放送との関係は、のちに２０１０年公開の映画『英国王のスピーチ』でも取り上げられ、同作は作品賞を含む４部門で米アカデミー賞を受賞している。

ジョージ6世の長女エリザベス女王の治世になっても、放送メディアは王室と国民をつなぐ絆の役目を果たしてきた。１９５３年、女王の戴冠式を一目見ようとテレビを買う人が急増し、英国でのテレビ普及に一役買った。当時の放送局はＢＢＣだけである。１９８１年７月には、女王の長男チャールズとダイアナ・スペンサーの盛大な結婚式を多くの国民がテレビで視聴し、祝福した。

図 16：マイクに向かうジョージ 6 世（在位 1936－1952 年）©BBC

１９９７年8月にダイアナ元妃が交通事故で亡くなると、エリザベス女王はＢＢＣのカメラの前で追悼の言葉を述べ、２０２０年に新型コロナ発生によってロックダウン規制が敷かれ、国民が家に留まることを余儀なくされると、「またいつか会いましょう」と声をかけた。第二次大戦中に歌手ヴェラ・リンが歌った言葉である。王室の節目となるイベントを継続して伝えることで、BBCは国民を一つにまとめ上げる役割を担ってきた。

微妙な距離感——「王室の神秘性」を前にメディアは

王室のメンバーが初めてBBCテレビによるインタビューに登場したのは、1961年5月29日放送の『パノラマ』であった。勤労者のスキル向上のためのキャンペーン「英連邦テクニカル・トレーニング・ウィーク」の推進役となったフィリップ殿下が司会者リチャード・ディンブルビーの質問に答えた。この時、殿下の生の声を多くの国民が初めて聞いた。

王室の近代化を主導したフィリップ殿下は、1969年6月21日に放送された1時間10分のテレビ・ドキュメンタリー『ロイヤルファミリー』の放送実現にも積極的にかかわった。若者文化が広がっていった1960年代、「古臭い」「現実離れしている」とみられるようになった王室に親しみを持ってもらうよう、オーストラリア生まれの王室広報官が企画した番組である。「プリンス・オブ・ウェールズ」という称号を持つチャールズ皇太子（当時）が20歳となり、7月には称号襲名の叙任式が行われることになっていたため、番組を一つの記念にする意味もあった。

ＢＢＣはフィリップ殿下を筆頭とする諮問委員会と相談しながらどの場面を撮影するかを決め、１年間をかけて制作したこの番組は、家族ぐるみのバーベキュー、テーブルを囲んでおしゃべりをする場面など王室の日常を伝えた。公式行事の場でないと王室のメンバーの姿を目にすることがないほとんどの国民にとって、女王とその家族の日常会話を聞くのは初めてだった。ＢＢＣでの放送後、『ロイヤルファミリー』は民放ＩＴＶでも放送され、その後も何度か再放送された。英国では３０００万人が視聴し、海外での視聴者は３億５０００万人に上った。１９７０年代後半、女王は完全な形での再放送を禁じたので、番組は事実上お蔵入りとなっている。王室の神秘性を維持したいという意向があったと言われている。

１９８１年１月には、女王の妹マーガレット王女がＢＢＣラジオ４の長寿番組『デザート・アイランド・ディスク』にゲストとして登場している。もし孤島に流されたらどんなレコードを持っていくかをゲストに聞き、選ばれた曲をかけながらその人の人生を振り返る番組である。

王室のメンバー自身がテレビ番組の制作側に回ったのが、女王の第４子エドワード王子（現エディンバラ公）の例である。王子は演劇好きで知られ、『オペラ座の怪人』や『キャッツ』などのミュージカル制作を手伝った後、1987年6月、BBCで放送された慈善イベント『グランド・ノックアウト・トーナメント』を企画した。王室のメンバーと著名人らが4つのチームに分かれて競い合う運動会で、王子はこの番組を実績として、テレビ界でのキャリア形成につなげることを狙った。ただし、女王、フィリップ殿下、チャールズ皇太子（当時）は参加を拒否し、女王は企画に反対したとも言われている。メディア評は芳しくなかったが、1800万人が視聴し、150万ポンドの募金を集めた。追って米国でも放送された。

1990年代に入って、エドワード王子は制作会社アーデント・プロダクションズを立ち上げる。次々と番組を制作したが、2006年、兄チャールズとダイアナ妃の長男で、スコットランドのセント・アンドリューズ大学に在学中だったウィリアム王子（現ウェールズ公）の映像を独占放送したことで批判を浴びた。当時、メディアは王室との間で、ウィリアムが学生のうちは報道を控えるという紳士協定を結んでいた。エドワードは社長職を引責辞任せざるを得なくなった。

「ＢＢＣは王室に甘すぎる」

「ＢＢＣは王室に関わる事柄については扱いが臆病だ」。こう発言するのは、ＢＢＣのベテラン司会者デービッド・ディンブルビーだ。著名ジャーナリスト、リチャード・ディンブルビーを父にもち、総選挙や王室の儀式の放送で長年にわたって司会を務めてきた。不偏不党の報道を続けるために時の権力者や政府の意に沿わないことでもあえて報道するＢＢＣだが、王室に対しては同様の姿勢がとられないとディンブルビーは指摘する。「視聴者が好まないという理由もあるだろうが」。

「（ＢＢＣが）首相官邸よりも恐れているのは王室だ」。政権の顔ぶれは変わっていくが、王室は君主が女王から国王に変わっても同じウィンザー家であり、王室そのものがなくなるわけではない。ＢＢＣが王室の儀式を報道する時は荘厳性が重視され、王室の存在自体を問う番組や、なぜ相続税が免除されているのかにまで踏み込む番組は制作しない。「間違っていると思う。追及するべきだ」。

ディンブルビーはＢＢＣが「王室を恐れている」と述べたが、英国には君主や王室のメンバーを風刺の対象にする伝統がある。浪費好きで知られたジョージ４世（１７６２―１８３０年）が皇太子だったころ、風刺画家のジェームズ・ギルレイが『消化におびえる酒色にふけた人』（１７９２年）として描いた戯画はよく知られている。アームチェアにどっしりと腰を下ろした皇太子が戯画の中心に置かれている。その膨れ上がった腹部は、浪費と放蕩の象徴だ。詰め込めるだけ詰め込んだ豪勢な食事を消化する皇太子の胃は、さぞや大変だろうという嫌味を込めた。

１９８０年代半ばから１９９０年代半ばまでＩＴＶが放送した風刺人形劇『スピッティング・イメージ』では、エリザベス女王が軍縮バッジをつけた怒りっぽい女性、フィリップ殿下は道化者、チャールズがタクシー運転手、ダイアナ妃は目立ちたがり屋としてパロディ化され、視聴者の笑いを誘った。ＢＢＣはコメディ番組で、王室を筆頭とする「支配者層（エスタブリッシュメント）」を国民の悩み事を理解できない、ドジな人物として批判や笑いの対象としてきた。しかし、風刺や笑いは許されても、王室の存在自体を問うような批判的番組はほとんどないのが現状だ。ディンブルビーの指摘には一理あった。

「プレイボーイ王子」のスキャンダル

ＢＢＣが王室という聖域の中核に食い込んで取材を実現させたのが、２０１９年、エリザベス女王の第３子アンドリュー王子への独占インタビューである。女王の４人の子供の中でも、アンドリュー王子は最大のお気に入りと言われている。そんな王子が、未成年者に対する性的虐待などの罪で起訴された米富豪ジェフリー・エプスタインと交友関係を持っていたことが発覚した（エプスタインは２０１９年８月、拘留中に自殺）。２人の交友を示す報道が出てきた２０１０年末以降、若い時には「プレイボーイ王子」とも言われた王子自身も未成年者に対する性犯罪に関与していたのではという疑念が広がった。

ヘッジファンドの運営で財産を築いたエプスタインは、政財界の富裕層や有力者との幅広い交流で知られた。アンドリュー王子とエプスタインをつないだのは、『デイリー・ミラー』を含む数々の新聞や出版社を経営した「メディア王」ロバート・マックスウェルの娘で、王子の友人でもあるギレーンだった。王子は、ギレーンと一時彼女のボーイフレンドだったエプスタインとをウィンザー城やスコットランド・バルモラル城にゲストとして招待したこともあった。

エプスタインの性加害事件の捜査が進む中、２０１５年、民事訴訟用に提出された書類を通じて王子との親交が明るみに出た。大衆紙『メール・オン・サンデー』が掲載した写真の中で、タンクトップ姿の若い女性がカメラに笑顔を向け、向かって左側に立つ白いワイシャツ姿の男性が女性の腰に手を当てていた。２人の後ろにはショートカットの女性がいて、彼女も笑顔を向けていた。男性はアンドリュー王子、後方にいたのはギレーン、若い女性はエプスタインを訴えた女性の一人、ヴァージニア・ジュフリー（旧姓ロバーツ）で、17歳の時に王子に3回性的に暴行されたという。

ＢＢＣの調査報道番組『ニューズナイト』は数年にわたってアンドリュー王子への取材を試みていたが、なかなか実現しなかった。２０１９年夏のエプスタインの死後、自殺ではなく他殺だったのではないかという噂が渦巻いた。自分自身が話すことで疑念を払おうとした王子は、ようやくインタビューを承諾した。

インタビューを行うことになったのは、『ニューズナイト』のメイン司会者の一人エミリー・メイトリスである。11月14日、バッキンガム宮殿の一室で向かい合う形に置かれた２つの椅子の一つにアンドリュー王子が座り、もう一つにはメイトリスが座った。

エプスタインは未成年を売春に勧誘・あっせんした罪を２００８年に認めている。その２年後、王子がニューヨークのエプスタイン邸に滞在している様子を『メール・オン・サンデー』紙が写真付きで報じたという経緯がある。性犯罪で有罪となった人物の自宅に滞在したのは賢明だったのか？ 「後から振り返ってみれば、間違いなく過ちだった」と王子は答えた。滞在の理由は「便利だったから」。その目的は、今後は友人ではいられないと伝えることだったが、電話で断交を伝えるのは「臆病なこと」であり、直接話すことが「高潔な、正しい行動だと自分では思っていた」。

王子は「汗をかいた」のか？

インタビューの最大の注目点は、エプスタイン裁判の原告の一人ジュフリーの主張にアンドリュー王子がどう答えるか。ジュフリーは17歳だった2001年3月、ロンドンで王子と夕食を摂り、ナイトクラブで一緒に踊り、王子の友人マックスウェルの自宅で性行為を強制されたとしている。改めてこの件についてメイトリスから聞かれると、王子は「その女性と会った記憶が全くない」と答えた。ジュフリーの腰に手をまわしている写真については王室側が調査をしたが、写真が何度も複製されているため、真偽を立証できなかったという。

写真での白いワイシャツ姿について、「自分はロンドンにいる時はあのような格好はしない」。腰に当てられた手は「私の手なのかどうか、確証がない」という。王子が汗をかいていたというジュフリーの述懐には、当時「汗をかかない医学的症状が出ていた」。兵士として参加したフォークランド紛争（1982年）でアドレナリンを過剰摂取したせいだと説明し、「今は治った」という。

ジュフリーが王子と会ったとする2001年3月の夜、王子はロンドン南部にあるピザのチェーン店に娘を連れて行き、その後は自宅で過ごしたと説明した。何年も前の特定の日を覚えているのは、その日が娘の誕生日だったからという。

王子の答えは時に荒唐無稽、時に傲慢に見えた。エプスタインによる性的虐待の被害者に対して、その痛みや苦しみを和らげるような言葉は皆無だった。インタビュー放送後から王子への批判が一斉に噴出し、王子は当分の間公務から退くとする王室の声明文が発表された。王子とつながりのあった大学、慈善団体、企業などはこぞって関係を解消した。

2020年2月、『ニューズナイト』は由緒ある王立テレビジョン協会のテレビ・ジャーナリズム部門で「最優秀デイリー・ニュース番組賞」及び「最優秀インタビュー賞」を受賞した。

2022年2月、王子とジュフリーが和解したことが発表された。王子はエプスタインによる性加害の被害者支援のためにジュフリーが立ち上げた慈善組織に寄付をすることになった。和解金の額は発表されなかったが、100万ポンド以上と言われている。

「私たちの結婚生活は、ちょっと混みあっていましたね」

１９９０年代半ば、ＢＢＣはダイアナ元皇太子妃の独占インタビューを放送した。当時の大スクープだったが、後になってＢＢＣの記者が不正な手段でインタビューを取り付けたことが公になった。ＢＢＣの内部調査のずさんさも明るみに出た。

「独占インタビュー」とは、１９９５年11月20日、ＢＢＣの調査報道番組『パノラマ』で放送されたインタビューのことである。「私たちの結婚生活には３人いたんです。ちょっと混みあっていましたね」。ダイアナ元妃がジョークを交えながらこう語る場面がよく知られている。

１９８１年、元妃とチャールズ皇太子（現国王）は聖ポール大聖堂で豪華な結婚式を挙げた。しかし、夫婦仲は次第に悪化。１９９２年12月、２人は正式に別居を宣言した。１９９４年には、皇太子が民放ＩＴＶのテレビ番組の中で自身の不倫を告白し、ダイアナ元妃の愛人の一人も暴露本を出した。元妃が自らの言葉で自分の状況を語る独占インタビューを、どのメディアも狙っていた。その機会をもぎ取ったのは、ＢＢＣだった。『パノラマ』の記者が元妃への独占インタビューに成功したのである。

インタビュー取材はＢＢＣ内でも極秘に進められた。ディレクター・ジェネラルのジョン・バートは知っていたが、理事長マーマデューク・ハッセーには告げなかった。ハッセーの妻はエリザベス女王の女官で、王室に情報が漏れることを恐れたからだ。

１９９５年秋、問題の『パノラマ』が放送された。マーティン・バシール記者にインタビューされた元妃は、摂食障害に苦しんだこと、結婚生活の破綻、自分自身の過去の不倫などを赤裸々に語った。英国の有権者の半分に当たる約２３００万人が番組を視聴した。番組はテレビ界における数々の賞を受賞する。放送時に初めてダイアナ元妃がＢＢＣのインタビューに応じていたことを知った王室は、激怒したと言われている。それまでＢＢＣが毎年放送してきた、国家君主による「クリスマス・メッセージ」はこの年、民放ＩＴＶで放送された。

１９９６年、バシールと番組制作者は英アカデミー賞テレビ部門の「最優秀トーク番組賞」を受賞。バシールは王立テレビジョン協会の「最優秀ジャーナリスト賞」も獲得した。

大スクープの倫理

番組放送当時から、バシールがどのようにして大物へのインタビューを取り付けることができたのか、不正な手段を講じたのではないかと疑念が表明されていた。しかし、どんな手を使ってでもインタビューをモノにするという意志があったからこそ質の高い番組ができたのだ、「ライバル局のやっかみではないか」などの声が出て、疑惑はいつしか立ち消えた。

２０２０年秋、『パノラマ』の放送から25年の歩みを振り返る企画を複数のメディアが立てた。その過程で、あるテレビジャーナリストが、ＢＢＣから取得した当時の関連書類をダイアナ元妃の弟スペンサー伯と共有した。スペンサーはインタビュー実現の裏には不正な行為があったのではないかと常々疑っており、資料を見て、ＢＢＣのディレクター・ジェネラル、ティム・デイビーに事実関係を問うために手紙を書いた。同時に『デイリー・メール』にも連絡し、『メール』は暴露記事を掲載した。デイビーは元最高裁判事ジョン・ダイソンに事情を調査させることになった。

２０２１年5月20日、ダイソンは１２０ページ余りの報告書の中で、ＢＢＣ幹部とバシールに対して非常に厳しい判断を下した。報告書によると、バシールはダイアナ元妃に近づくため、まずはスペンサー伯に接触した。伯爵の元警備担当者がスペンサー家の個人情報をメディアや情報機関に渡す代わりに、その見返りとして報酬を受けていたことを示す銀行明細書を見せた。以前から元警備担当者に疑念を抱いていたスペンサー伯はバシールを信頼する。次にバシールは、ダイアナ元妃とチャールズ皇太子の側近が２人の身辺情報を密売していることを示す明細書を見せた。スペンサー伯は姉に連絡を取り、バシールも含めた３人での会合を設定する。これを機にバシールは元妃との知遇を得て、こんどは２人だけで数回会ったのち、元妃から『パノラマ』でのインタビューの承諾を得た。

すべての始まりは、最初にスペンサーに提示された銀行明細書だった。この明細書はフリーのイラストレーターが番組用に作成したもので、本物ではなかったことが判明している。２つ目の明細書はバシール自身が作成したと推測される。イラストレーターは、作成した明細書がどのように使われるのかについて詳細を知らなかった。後日『パノラマ』を視聴して、自分の作品が悪用された可能性に気づき、ＢＢＣに何度か連絡を取ったが「心配するな」と言われただけだった。その後、このイラストレーターはＢＢＣとの契約を切られてしまう。

イラストレーターによる懸念表明を受けて、ＢＢＣでは１９９６年に編集幹部主導の内部調査が行われている。この時、バシールは「明細書を作成させたが、誰にも見せていない」と繰り返した。何度も問われるうちに「実はスペンサー伯に見せた」と答えたものの、１９９６年当時のニュース・時事番組の編集幹部で後にディレクター・ジェネラルになるトニー・ホールは「経験が少ない記者」による「不注意」としてバシールに懲罰を下さなかった。

ダイソン報告書は、バシールの取材方法について「不正があった」、取材相手に対する姿勢については「不正直だった」と指摘し、１９９６年の内部調査に関しては「全く役に立たないものだった」と結論付けた。内部調査の担当者はスペンサーに事情を聞くことすらしていなかった。また報告書によれば、１９９６年以降、バシールが偽造明細書をスペンサーに見せていたことをＢＢＣは把握していたが、これを広報部は公にせず、「事実を隠ぺいした」。

報告書発表後、ディレクター・ジェネラルのデイビーは関係者に「完全かつ無条件に謝罪する」と述べた。イラストレーターはＢＢＣから和解金を支払われた。インタビュー当時の責任者であったホールは、ＢＢＣ退任後に就いていた国立美術館の会長職を辞任した。

当事者であるバシールに関していえば、１９９８年に一旦ＢＢＣを退職していたが、２０１６年には宗教問題担当の記者として再雇用されていた。その経緯を調べるＢＢＣの内部調査の結果が、２０２１年６月14日に発表された。再雇用の際、編集幹部らはバシールによる明細書偽造の過去を知っていたが「解決済み」とし、ホールに問い合わせをしていなかった。バシールはダイソン報告書が発表される前に健康上の理由からＢＢＣを退職しており、一連の明細書は「インタビューの取り付けとは全く関係ない」と現在でも主張し続けている。

誰が何を、どこまで知っていたのか

「独占インタビュー」番組の制作は極秘状態で進められたため、取材過程を含め、その事情を詳しく知っている人物は限られる。バシール以外には、『パノラマ』制作チームと密に連絡を取っていたバートが該当するが、彼は「全く知らなかった」「私たちは騙された」と証言している。

事情を知り得たもう一人の人物が、バシールと一体となって制作を進めていた『パノラマ』の編集長スティーブ・ヒューレットである。先のイラストレーターが相談に行ったのがヒューレットだ。この時点ですでに偽造されたものであることは分かっていたはずだ。そもそも「本物の明細書ではない」ことを知らないでバシールと働いていたとは考えにくい。１９９６年、疑念をはらすために調査を行ったトニー・ホールも少なくともこの時点からは知っていたようだ。

「偽造明細書を使ってでも、インタビューの機会を得る」ことをバシールばかりか、当時の上司であるヒューレットが最優先した可能性は否定できない。彼は２０１７年に、今回の事件が発覚する前にガンで亡くなっている。

『パノラマ』によるダイアナ元妃のインタビューは優れたＢＢＣジャーナリズムの一つとして認識されており、１９９０年代を通じて、ＢＢＣ編集幹部らがこの評判を落とさないためにバシールの不正に目をつぶったのかもしれない。ダイアナ元妃自身がバシールに「放送前に何の書類も見せられていない」という手書きのメモを送っており、これもＢＢＣ幹部らに「信じたいことを信じる」ための根拠を与えた可能性がある。

ダイソン報告書が出た日、ダイアナ元妃の長男ウィリアム王子（現皇太子）は動画で声明を発表し、バシールの取材が元妃の強迫症や「両親の関係を悪化させた主要因」であり、「無数の人々を傷つけた」と述べた。「（ＢＢＣが最初に苦情を受け取った１９９５年に適切に調査していれば）母は騙されたことに気づいただろう。このことに一番悲しみを感じている」。元妃がパリで交通事故死したのは１９９７年夏である。「難しい疑問に立ち向かわず、問題を無視したＢＢＣの経営陣にも傷つけられた」と王子は語っている。インタビューは「正当性がない」もので、「二度と放映されるべきではない」。

ＢＢＣはダイアナ元妃の弟スペンサー伯に加え、元夫のチャールズ皇太子（当時）、２人の子供であるウィリアム王子（当時）とヘンリー王子に謝罪文を送るとともに、この番組が受けたすべての賞を返還した。

追悼特番への苦情

２０２１年４月９日、エリザベス女王の夫フィリップ殿下が亡くなった。享年99。英メデイアは一斉に殿下の死を伝えその人生を振り返る報道を行った。ＢＢＣは主要チャンネルのＢＢＣ１とＢＢＣ２の全番組予定を変更して同時に同じ追悼番組を放送するとともに、ＢＢＣ４のすべての番組放送を取りやめた。ラジオ番組も編成を変更してニュースを放送した。通常番組の放送中止や予定変更について視聴者からの苦情が殺到する。11日までに10万件を超えた。特定の番組に対する苦情件数としては、過去最高である。

　王族の追悼番組を流すＢＢＣが批判されたのは、今回が初めてではない。２００２年３月30日、エリザベス女王（エリザベス２世）の母エリザベス皇太后の死を伝えたＢＢＣのアナウンサーが弔意を示す黒いネクタイではなく赤いネクタイを締めていたことを、複数の新聞が「敬意が足りない」と批判した。この時に寄せられた苦情は２０００件で、人気番組の放送が延期されたことへの不満や「配慮が足りない」という趣旨のものも含まれていた。

　１９９７年のダイアナ元妃の死去は、24時間の報道体制が整いつつある頃で、ＢＢＣは常時ニュースを流した。元妃の死は大きな衝撃を社会に与え、国民に強い訴求力を持った。

　２０２２年９月８日夕刻、エリザベス女王死去の第一報をＢＢＣテレビで報じた司会者は、すでに黒いネクタイを締めていた。午後の時点で女王の容体が悪化していることは伝えられていたが、死去が正式になると、テレビとラジオのすべての番組を変更して女王関連のニュースを繰り返すとともに、ＢＢＣ３とＢＢＣ４での番組放送を停止した。ＢＢＣ１とＢＢＣ２は同じ番組を同時に放送した。死去のニュースをいずれかの放送局でライブ視聴した人は３３００万人と言われ、その３分の１はＢＢＣで見た。

翌日から他のチャンネルは次第に通常の放送に戻っていったが、ＢＢＣ１は日中、女王関連のニュースを中心に報道した。女王の棺の移動、チャールズ皇太子がチャールズ３世として即位する儀式などをリアルタイムで報じるとともに、ウェストミンスターホールに安置された女王の棺を弔問する人々の様子を24時間、放送した。ＢＢＣの報道に対する視聴者からの苦情は６７０件。フィリップ殿下の時とは大きな差がついた。

９月19日の国葬特別番組は朝８時から夕方まで放送された。メイン司会者の一人となったカースティー・ヤングは、番組終了近くに画面に向かって、締めの言葉を語り出した。「悲しみのベールがこの国を覆いましたが、女王の葬儀はその統治を表していたようです。女王は国民とともにいるという最後の行為を通じて私たちを一つにしました」。涙を堪えながら、最後にヤングはこう言った。「女王は歴史を作ったのです。女王こそが歴史でした。エリザベス２世はこの世を去りました。でも、決して忘れられることはないのです」。感動的なエンディングは多くの視聴者に強い印象を残した。

ヤングの言葉に代表されるように、ＢＢＣは国葬特番で女王を「聖人」として報じた。不偏不党の立場から物事の良い面も悪い面も伝える通常の報道番組のトーンとは大きく異なっていた。女王に対する国民の愛情と敬意の深さを前にして、ＢＢＣは女王や王室制度自体へと疑問を投げかける姿勢を取れなかったのかもしれない。

ＢＢＣは視聴者の意を汲んだのか、それとも王室を「恐れて」批判をタブー視したのか。筆者が複数のニュース関係者に聞いてみたところ、愛国的な特番のトーンについては「個人的にはやりすぎと思った」が、ＢＢＣには英国最大の公共サービス放送としての責任があるため、「あのようにするしか道はなかった」という意見が大半を占めた。

現在のところ、王室はＢＢＣにとって特別な存在であり、常に敬意と礼節を維持しながら番組作りを行っていると言えよう。

コラム④　ＢＢＣとＮＨＫ

どちらも「国営放送」ではない

「英国のＢＢＣは日本の公共放送ＮＨＫに相当する」
　ＢＢＣを紹介する時、よくこのような表現が用いられる。どちらも公共放送（ＢＢＣは「公共サービス放送」）で、視聴世帯から徴収する放送受信料で活動費用をほぼ賄っている。では、どこが違うのだろう？

　基本的な共通点を見ていくと、その誕生はいずれも１９２０年代である。ＢＢＣは１９２２年に民間企業「英国放送会社」として発足後、１９２７年に公共組織化され、「英国放送協会」となった。一方のＮＨＫは１９２６年に社団法人として成立し、１９５０年に特殊法人化された。いずれの場合も公共組織体として運営され、公共の利益のために活動する。国が国家予算などを主財源として直接運営し、編集方針も決める「国営放送」ではない。

その存立基盤は、ＢＢＣの場合は君主の名のもとに約10年ごとに発効される「王立憲章」、ＮＨＫは１９５０年施行の放送法による。ＢＢＣの設立目的は「ＢＢＣのミッションを実現し、公的目的を振興する」ことで、そのミッションとは「公益のために活動し、不偏不党、独自のアウトプットやサービスを通じてすべての視聴者に仕える」ことである。一方のＮＨＫは「公共の福祉のために、あまねく日本全国で受信できるように豊かで、かつ良い放送番組による国内基幹放送を行うとともに放送及びその受信の進歩発達に必要な業務を行い、あわせて国際放送及び国際衛星放送を行うこと」とされる。

ＮＨＫの最高意思決定機関は有識者12人から構成される経営委員会だが、委員の任命は衆参両院の同意を得て首相が行う（委員長は委員の互選によって選ばれる）。重要事項の議決や職務執行の監督、業務執行の責任者となる会長の任免権を持つ。さらに経営委員の一部で構成する監査委員会がＮＨＫ役員の職務を監査する。大きな権限を持つ存在と言えよう。

ＢＢＣの場合、経営委員会に相当するのがＢＢＣ理事会（14人構成）だ。ＢＢＣの戦略的方向性を決定する。理事長は公募を経て、政府の助言を得た後に国王の諮問機関である枢密院が指名する。事実上、政府の推薦人物がほぼ就任すると言ってよい。NHKの会長職に相当するのがディレクター・ジェネラルで、BBCが生み出すコンテンツの最終責任者だ。理事会の中の任命委員会が候補者を精査し、決定する。理事会にはディレクター・ジェネラルを含む執行理事が4人含まれ、理事会と執行部との協力体制が強い構成となっている。

「表現の自由」と「編集権の独立」を守るには

公共放送局としてのBBCとNHKは、国からの独立性をどう確保しているのだろうか。

NHKのウェブサイトに掲載された「国との関係」についての回答を見ると、首相・政府が決める項目が非常に多い。毎年度の収支予算や事業計画等、決算、業務報告書をまず「総理大臣に提出」したのちに内閣から国会に提出されて審議・承認を受けるなどする。「受信料に関する規定（放送受信規約、放送受信料免除基準）の認可や、放送局の免許等」は総務大臣が行う。

BBCは政府から独立した存在であるために王立憲章を基にして発足したが、憲章の更新、受信料制度の維持や値上げ率などは時の政府との交渉によって決まる。これまでに値上げ凍結はあったものの、前年よりも額面上低い金額が提示された例はない。しかし、日々の運営に最も大きな影響を与える受信料収入の値上げ率が時の政府によって最終的に決められてしまうので、その首根っこは「お金」によって、政府に押さえつけられている。ただ、財政面での救いの一手としてBBCには国際市場での商業活動が認められており、受信料収入の不足分を商業収入で一部補っている。

放送局への規制についての日英の違いは、英国では放送・通信業の監督・規制を独立組織「放送通信庁（オフコム）」が担うのに対し、日本では総務省が所管する形となる。独立組織が規制・監督をする国と政府がその役割を担う国とでは、政治的干渉の面で大きな差が出てくるのではないか。

NHKとBBCの違いについて、メディア研究者とジャーナリストに聞いてみた。

中村美子氏は、NHK放送文化研究所で長年にわたりBBCの制度やサービスを調査研究してきた。中村氏によると、法律面で両者に大きな相違はないが、監督と規制という面でみると、BBCはオフコムの権限が確立し、政府の関与が徐々に縮小されてきたが、「日本には独立規制機関はいまだに存在せず、所管の総務大臣の許認可という規制の仕組みが続いている」。「いまだに」というのは、「世界の民主主義国の中で放送通信分野の独立規制機関を有しない国は日本くらい」「日本では放送内容について放送事業者による自主規制機関が活動しているが、独立規制機関が制度化されることは、政府との関係だけでなく、視聴者保護という点でも重要」であるという。

業務運営の独立性については、NHKでは外部の専門家・有識者で構成される最高意思決定機関が置かれている。

編集上の独立性については、「BBCもNHKも『表現の自由』『編集権の独立』などの重要な原則が法律で保障されている」「政府の直接的管理を避ける目的で設置された最高意思決定機関でさえ、個別の番組内容について干渉することを法律で禁止されている」という。

これがBBCは理事会、NHKは経営委員会に相当する。「この点ではBBCとNHKに大きな相違はない」。

しかし、委員の選出方法には違いが見られると中村氏はいう。「1990年代末以降、英国では独立した公職任命制が導入され、選出過程の透明性が確保された。理事長の任命も公募から始まる。日本の場合は人選にかかわる情報は公開されず、任命に至った経緯は全く分からない」。

ＢＢＣのディレクター・ジェネラルは報道畑にいた人が就任する伝統があり、現在この職に就くティム・デイビーも、自分自身はジャーナリストではなかったが、２００５年からＢＢＣに勤務しており放送業界での経験が長い。一方、ＮＨＫで同等の職となる会長職は、２００８年以降、「放送業界とは無縁の民間企業の経営者から選ばれ、３年の任期が終わると交代している」「会長が報道の最高責任者であることを考えると、異常な事態が続いている」（中村氏）。

ＢＢＣもＮＨＫも現在では、放送を維持しつつネットにも注力する方向に進んでいる。しかし、実際にはＢＢＣのほうがネットへの展開に迅速だった。この背景として、中村氏はＢＢＣと民放との関係をあげる。

１９９８年の地上デジタル放送開始以降、英国では「ＢＢＣと地上波民放テレビ局の関係が競争から協働へと変化した」「景気に左右されない受信料収入を使って、ＢＢＣが新サービスへの道を開き、それに民放も続いていくという関係である」「ＢＢＣが民放だけでなく様々な団体と協働することが受信料の価値を最大化するという考えを自ら採った」「公共サービス放送として長い歴史をともに刻んできたテレビ業界のエコロジーが出来上がったのではないかと思う」。一方、日本の場合は、ＮＨＫと地上波民放局の対立の構図が続いているという。

政治家とメディアの距離

共同通信社の編集委員兼論説委員の原真氏は、テレビとジャーナリズムについての複数の著作で知られる。『民間放送70年史』では「『公共メディア』へ～変貌するNHK」の項を執筆した。

『70年史』の中で、原氏はNHKの過去20年間を振り返り、「経営委員人事（ヒト）と予算承認（カネ）を内閣、国会に握られているがゆえに、政治との距離が問われ続けた」と書いている。どういうことだろうか。

2000年代に入って、NHKでは職員による番組制作費の着服、取材経費の水増し請求などの不祥事が次々と発覚し、従軍慰安婦を特集したドキュメンタリー番組への政治家の介入による大幅改変問題などが発端となって、受信料の不払い運動に発展した。

これがNHKの改革議論の大きなうねりを作り、2006年秋以降、政府はNHKの受信料支払いを義務化する代わりに経費の大幅削減に向けて圧力をかけた。親与党の人材をNHKの経営委員に任命し、2007年12月の改正放送法によって、経営委員会の権限を拡大。２０１１年10月、経営委員会は受信料の約７％の値下げを了承する。受信料が下落したのは１９６８年以来、初めてのことだった。

この改正法によって、ＮＨＫは放送済みの番組のネット配信を認められ、２００８年12月から「ＮＨＫオンデマンド」を開始する。しかし、未放送の番組も含めてインターネット配信ができるようになるまでには時間がかかった。２０１４年の新たな放送法改正以降も、「民業圧迫」などの理由で全番組の同時配信を実現することができなかった。

常時同時配信を実現するため、ＮＨＫは受信料の値下げを表明し、２０１９年５月、改正放送法によって容認されたが、民放のインターネット配信への協力を定められたという。

総合テレビとＥテレの同時配信サービス「ＮＨＫプラス」が本格稼働したのは２０２０年４月である。しかし、ネット関連の事業規模は最大で受信料収入の２・５％と制限を課せられてのサービス開始であった（翌２０２１年１月、総務大臣は２・９％相当の年間２００億円を認可した）。一方、２００７年末からオンデマンド・サービスを開始させたＢＢＣは、翌２００８年にすでに同時配信もスタートさせている。

「ＮＨＫのこの20年間を振り返ると、インターネットの進出がなかなか実現せず、不祥事が続いたこともあって、政治的に翻弄されてきた姿が浮かぶ」と原氏は『70年史』の中で書いている。

２０２４年3月になって、政府はNHKにインターネット業務を義務付ける放送法改正案を閣議決定した。NHKのネット業務は現在、放送を補完する「任意業務」だが、改正法が成立すれば放送と並ぶ必須業務となる。２０２５年春以降に実施される見通しだ。一方、新たに必須業務に加わる文字ニュースなどの番組関連情報は、「放送番組と密接な関連」があり、「番組の編集上必要な資料」に限定されることになった。

「視聴者の代表」としてのジャーナリスト

日英の放送局の違いをさらに原氏に直接聞いてみた。「最大の違いは、政治との距離にある」「BBCはイラク戦争の報道などで英政府と対峙してきたが、NHKは政府に批判的なニュースを流すことはめったにない」。

BBCも首相が放送を差し止める権限を持つ上、王立憲章が更新されなければ公共放送自体が存在しなくなる恐れもある。しかし、「公共放送にとって日本よりもむしろ厳しい制度下にありながら、BBCは果敢に権力監視をしている」。日英の報道ぶりや権力との戦い方の違いは「法制度の問題以上に、公共放送（を経営する人々）の姿勢の問題ではないか」と原氏はいう。

改めてBBCのこれまでを振り返ってみると、「独立していること」「公共の利益のために情報を提供すること」を柱に、時には政府からの圧力に抵抗しながら戦う姿勢があった。それが如実に表れているのがジャーナリズムだ。

「ジャーナリズム」は「日々の報道」と言い換えてもよい。例えば、政府がある政策を発表したとしよう。BBCはこの情報をいち早くつかんで、報道しようとする。「人よりも早く」はニュース報道の最初の原則である。そして、この情報を政府の言う通りにそのままでは報道しない。そうすれば、政府の広報機関になってしまう。

そこで、必ず「この政策のどこが欠点か」を探し出そうとする。この政策に反対意見を述べるだろう野党の声を紹介する。この政策によって不利益をこうむりそうな市民や市民を代表する組織の意見を組み込む。該当する政府閣僚にも取材を申し込む。閣僚がインタビューに応じなければ、「取材を申し込んだが、取材に応じなかった」などの一言を入れる。ここまでやって、一つのパッケージとなる。

閣僚にインタビューできたら、政策の欠点を鋭く突く質問を矢継ぎ早に行う。この時、相手に遠慮している印象を与えてはいけない。「権力に甘い」と思われるからだ。なぜ政

図17：BBC本社のエントランス脇には、元職員の小説家ジョージ・オーウェルの像が設置され、傍らには「もし自由という言葉に意味があるとしたら、それは人々が聞きたくないことを伝える権利のことだ」という彼の言葉が刻まれている（著者撮影）

策の欠点も含めて閣僚に質問をするのかというと、「視聴者の代表」として質問をしているからだ。つまり、「公のために」聞いているからである（図17）。

こうしたジャーナリズムの形はBBCだけではなく、英国の主要放送局でも同じである。

厳しい質問を受けた政治家の側はムッとするかもしれない。恥をかくかもしれない。しかし、政治家は厳しい質問をするのがジャーナリストの仕事であることを知っている。政治家も、ジャーナリストも、視聴者も、そしてジャーナリストが勤務する報道機関の上層部もこのようなジャーナリズムが通常のことであると認識している。

果たして日本は、「厳しい質問をするジャーナリスト」を受け入れる体制になっているだろうか？

筆者は日本の政治報道が「ＢＢＣのようであれ」とは必ずしも思っていない。何をどのような文脈でどう伝えるかはその国・文化の独特のやり方があるはずだ。国民に何かを伝えたい時、最適の方法を知っているのがその国に住むジャーナリストや編集者だろう。

最後に、公共放送の意義について中村氏に聞いた。

視聴者（国民）から公共放送への支持を得るには「信頼と親しみ（身近さ）が必要だ」と中村氏は言う。「公共放送の意義という問いは、世界の公共放送にとって最も悩ましい。専門家というより一人の視聴者として思うのだが、失ってみないと、公共放送の『存在意義』を明確に感じることはできないのではないか。そう考えるほど、日常生活の中で当たり前の存在だ」。視聴者が選択できる情報、メディア、コンテンツは今や膨大だが、「人生の各ステージで、報道、ドラマ、教育、趣味などＮＨＫの多様な放送番組が身近にあったはずだ。今の自分にとってだけでなく、なくなったことを想像することで、一人ひとりにとって公共放送が必要な理由が分かるのではないか」。

そんな時、「やはりあの報道はＮＨＫならではだ、あのＮＨＫの番組は役に立った、面白かったと思われるように、これまで通り幅広い番組ですべての人の関心にこたえるように、ＮＨＫが努力するしかない」。

第 7 章

「ポスト放送の世紀」へ

ジャニーズと戦争とBBC

2023－

首相と理事長の縁故採用疑惑

２０２３年の年明け早々、ＢＢＣはリチャード・シャープ理事長の縁故採用問題で揺れた。『サンデー・タイムズ』紙の電子版（1月21日付）によると、２０２０年末、個人的に大きな支払いを抱えたジョンソン首相（当時）に対し、シャープは最大80万ポンド（約1億５２００万円）にも上る借金の保証人を紹介したという。シャープはジョンソンに便宜を図り、その見返りとして理事長の職に就いたのだろうか。

『サンデー・タイムズ』による報道までに、すでにジョンソン首相は新型コロナに関連したパーティー疑惑で官邸を去っていた。次の首相リズ・トラスによる政権は大規模減税策で失敗し、44日で崩壊。２０２２年10月から元財務相リシ・スナクが新政権を発足させたが、ジョンソン時代の「亡霊」に悩まされることになった。

ＢＢＣ理事長の選出プロセスは公募から始まるが、実質的には首相が決めると言って良い。官僚が候補者を絞り込み、政府が推薦する人物を決定すると、デジタル・文化・メディア・スポーツ省の諮問審査会による公開質疑が行われる。審査会はシャープが提出した書類や質疑応答を吟味し、彼を次期理事長に推す結論を出した。ジョンソン首相がシャープと会談し、理事長として彼を推薦する旨を枢密院に伝え、２０２１年２月16日、枢密院がシャープの理事長就任を承認した。

シャープはジョンソンがロンドン市長であったころ（在職２００８―２０１６年）から、公私ともに親しい間柄で、ジョンソンの遠縁の富豪サム・ブライスとも旧知の仲だった。ブライスはジョンソンの財政難を報道で知り、ジョンソンの借金保証人になってもよいとシャープに申し出た。シャープはジョンソンにブライスの提案を伝えたものの、その後は関与しなかった。

問題は、シャープが一連のやりとりを諮問審査会に通知しておらず、審査会による質疑の際にも言及しなかったことだ。応募の条件として「利益相反の場合は届け出をする」ことになっている。『サンデー・タイムズ』の報道を受けて、下院の公職人事委員会による調査が始まった。２０２３年4月28日、委員会はシャープが「理事長選考過程で利益相反に当たる可能性があった事実を申告していなかった」と結論付けた。「自分は人と人をつないだだけで、融資の手配をしたのではない」と繰り返し主張してきたシャープは、委員会の結論を受けて謝罪し、辞意を表明した。正式な辞任は6月末である。

後任選びでは、首相の個人的な知り合いではなく、できれば放送界での経験を持ち、ＢＢＣ職員からも賛同が得られるような人物の選出が望まれた。

私人としての司会者、公人としての司会者

シャープに対する疑念が深まっていたころ、新たなスキャンダルが持ち上がった。２０２３年３月７日、スエラ・ブラヴァマン内相（当時）が、小型ボートで英国に不法入国を試みる人の難民申請を禁止する法案を議会で発表したことがきっかけだ。

すでに２０２２年春、ジョンソン政権は小型ボートで英仏海峡を渡って不法に入国しようとする人をルワンダに移送する政策を出し、知識人や国民から大きな反発を食らった。スナク政権はさらに極端な政策を打ち出したことになる。

ＢＢＣのサッカー番組の司会者、ゲイリー・リネカーはツイッター（現Ｘ）で内相の発言動画を紹介し、「何と酷いことだ」とコメントを付けた（図18）。「大きな（難民の）流入があるわけではない。ほかの欧州の国と比較しても英国の難民受け入れ数ははるかに少ない」「最も脆弱な人々に対する計り知れないほどの残酷な政策で、１９３０年代にドイツで使われた表現に似ていないとは言えない」などとつぶやいた。「１９３０年代」「ドイツ」、そして移民や難民申請者に対する迫害といえば、ナチスを思い起こさせる。つまり、リネカーは内相の発言が「ナチスを思わせる」と批判したも同然で、翌日の保守系大衆紙『デイリー・メール』はリネカーが「小型ボート計画をナチスと結びつけた」と報じた。多くの野党議員

や慈善組織などがルワンダ移送政策に反対の意を表明していたが、ナチスと同列に語る表現は一線を越えたと感じる人も少なくなかった。

図18：ゲイリー・リネカーのX（旧Twitter）アカウント。アイコンの写真では、BBC本社前に刻まれたオーウェルの言葉を背にしている。

ブラヴァマンは「個人的には侮辱的な表現だと思う」と述べている。夫がユダヤ人で、夫妻の子供たちはホロコースト犠牲者の子孫になるという。「あのような軽薄な喩え」は、ホロコーストの「言葉にできないほどの悲劇を矮小化する」。英国の不法入国者問題とホロコーストとを結びつけることは複雑な事情を単純化しており、問題の解決にはならないという見方を示した。スナク首相も小型ボートの受入停止は政府の「最優先事項」と述べて、内相の方針を支援した。

ＢＢＣは3月10日、リネカーが司会者として翌日出演予定だった、サッカーの解説番組『マッチ・オブ・ザ・デー』には出ないと発表した。リネカーの「最近のソーシャル・メディアの活動はＢＢＣのガイドラインから逸脱した」からだ。「(リネカーは) 政治的に論争を呼ぶ議題ではどちらの側にもつかないようにするべきだった」。ＢＢＣとリネカー側がソーシャル・メディアの使い方で合意ができるまで、出演は見合わせることになった。

リネカーの発言が問題視されたのは今回が初めてではない。例えば２０１６年、政府の難民申請者の取り扱いが「ひどく人種差別的で、全く心がない」と批判している。

リネカーの一連のツイートは多くの国民の意見を代弁したものではあったが、不偏不党を掲げるＢＢＣにとっては頭が痛いものとなった。ＢＢＣの職員や番組に登場するタレントは「適切な不偏不党」を維持することが求められるが、リネカーは報道記者ではなく、スポーツのコメンテーターであり、投稿には個人で開設したアカウントを使っている。しかし、その一方で人気番組『マッチ・オブ・ザ・デー』の司会者であり、アカウントには８７０万人のフォロワーがいて、その発言の影響力は大きい。

一時的にせよ、リネカーの番組出演を停止させたことで、ＢＢＣが予期しなかった事態が発生していく。出演停止に連帯して、他の出演者が続々と番組には出ないと表明したのである。11日午後10時放送の『マッチ・オブ・ザ・デー』は試合の動画を流すだけになった。日中に放送予定だった幾つものサッカー関連のラジオ番組も次々とキャンセルされた。

12日、ディレクター・ジェネラルのティム・デイビーは前日の放送内容に混乱があったことを謝罪した。「解決に向けて努力している」。出演停止については、官邸からの指示があったわけではないと主張した。

英国の言論空間で「ナチス」や「ヒトラー」を用いる比喩表現は禁句に等しい。これまでにも不偏不党ではない発言をしてきたリネカーを、今回に限って即出演停止とした理由は禁句を示唆する表現だったからか、それともリネカーが内相の政策批判を行ったことで官邸から圧力を受けたのか、真相は不明だが、「政府に対して弱腰」という印象を与えたのは確かだ。

13日、ＢＢＣはリネカーが翌週から番組に復帰すると発表した。同時に、ソーシャル・メディア規制の見直し作業を開始すると宣言している。

半年後の9月末、ＢＢＣはリネカー問題にけじめをつける一歩を踏み出した。ソーシャル・メディアの使い方について、新たな指針を発表したのである。これによると、ＢＢＣ職員及びフリーランス契約者は「公的言論空間の中で高いレベルの礼儀正しさ」に敬意を払い、ＢＢＣの評判の失墜を招かないようにする。「主力番組」の司会をする者は注目度が高いため、特に不偏不党性に敬意を払う。この主力番組の中にはリネカーの『マッチ・オブ・ザ・デー』も入った。規則を逸脱したフリーランサーに対し、ＢＢＣは契約を更新しない場合もある。

しかし、これでＢＢＣの悩みは終わらなかった。年末になって、不法入国者をルワンダに移送する政府の計画を停止するよう求める書簡にリネカーが署名していたことが発覚したのである。これ自体はＢＢＣの評判を傷つけることにも、編集規則の逸脱にも当たらない。しかし、国防相はＢＢＣの人気司会者が「政治的見解を持つ」ことを問題視した。さらに、この時、ある保守党議員がリネカーはＢＢＣの不偏不党方針に違反したとつぶやいた。するとリネカーは「議員は規則を読んでいないのではないか。あるいは読み聞かせてもらっていないのか」と返し、新たな火種を作ってしまった。

ＢＢＣがリネカーを番組から完全に降板させれば、リネカーのファンばかりか一般市民、そして政治家からも大批判の嵐が巻き起こるだろう。

長年にわたりＢＢＣの人気番組の顔となってきたリネカー。ソーシャル・メディアというＢＢＣ以外の場で大きな影響力を持つタレントの扱いをどうするかは、ＢＢＣの課題の一つとなっている。

「現在進行形の犯罪」——英国からのジャニーズ告発

英国のテレビ局が制作した番組が日本の社会問題を鋭く描き出し、その結果、日本の中で変革への大きなうねりが生まれる。そんなことが今まであっただろうか？

２０２３年３月７日、ＢＢＣがリネカー事件に揺れる直前に放送したドキュメンタリー番組『J-POPの捕食者　秘められたスキャンダル』はそんな稀有な例となった。日本でも３月18日からＢＢＣワールドニュース・チャンネルを扱う複数のチャンネルで放送された（図19）。

図19：『J-POPの捕食者』は国内外で大きな反響を呼んだ（大和日英基金でのディスカッションの告知画面）

「J-POPの捕食者」とは、日本で有数の大手タレント事務所「ジャニーズ事務所（当時）」の創業者ジャニー喜多川（２０１９年死去）を指す。日本でジャニーズ事務所を知らない人はいないと言ってよいだろう。数々の男性アイドルグループを世に送り出し、日本のメディア界、芸能界で絶大な影響力を持った。２０１１年、喜多川は「最も多くのチャート1位獲得シングルをプロデュースした人物」などのギネス世界記録に認定された。

しかし、喜多川には暗い秘密があった。数十年にわたって、事務所にやって来る少年たちに性的加害を行っていたのである。『週刊文春』が１９９９年から被害疑惑を報道したが、ジャニーズ事務所に名誉毀損で訴えられた。２００３年、東京高等裁判所は記事の主要部分が真実であると認定し、２００４年には最高裁が事務所側の上告を棄却。しかし、性加害の事実が法的に認定されても、まともに取り上げるメディアはほぼ皆無だった。そんな状況に『J-POP の捕食者』がメスを入れた。

番組のプロデューサー兼ディレクターは、日英で育ったメグミ・インマン。喜多川の死去報道で日本のメディアが性加害疑惑についてほとんど触れていないことに疑問を抱き、番組制作を思いついた。日本で取材を開始すると、メディア関係者に「話せない」と言われ続け、インマンは喜多川の死後も事務所に対する忖度や配慮が存在していることを感じた。「(喜多川が）亡くなっても被害者は生きている。この犯罪を隠して手伝った人も、無視してきたメディアも芸能界も存在している」、喜多川の性加害は「現在進行形の犯罪なのだ」とインマンは確信したという（『毎日新聞』、２０２３年10月13日付インタビュー記事）。

『J-POPの捕食者』の冒頭で、ナレーター役となったジャーナリストのモビーン・アザーが東京の街中で街頭インタビューを試みる。喜多川について聞くと、ある男性は「神様のような人です」と答えた。日本のアイドル文化を作り上げた立役者として喜多川は高く評価され、性的搾取の疑惑があっても高評価が変わらないことを知って、アザーは衝撃を受ける。

アザーは数人の被害者に会う。眼鏡とマスクで顔を覆って出演した一人は、喜多川による性加害の状況を語るうちに涙を流した。一方、性的マッサージを受けたという別の一人は喜多川を「今でも大好き」「本当に素晴らしい人」と答えた。スターになるためだったら、性的なアプローチを受けてもかまわないと答える人もいた。アザーは「信じられない」という表情で相手を見つめた。

アザーは事務所に何度も面会を求めるが、機会は与えられなかった。「大きな組織として説明責任があるのではないか」。アザーはカメラに向かって怒りをあらわにした。

番組が日本で放送されると、大きな波紋が広がった。４月、元ジャニーズ・ジュニアのカウアン・オカモトが実名で被害を訴える会見を開き、これを皮切りに被害者が続々と声を上げだした。ジャニーズ事務所は独立調査委員会を設置して事態を調査させ、２０２３年９月、記者会見で性加害の事実を初めて認めた。翌10月、事務所は「SMILE-UP.」と社名変更し、被害者のケア・補償を行うことになった。

日本での反響を受けて、同年5月、英国の非営利組織「大和日英基金」が開催したオンライン・セミナーにインマンとアザーが呼ばれた。参加者の一人がアザーにこう聞いた。「スターになるためには性的搾取を受けてもかまわないという人がいる社会を変えることは可能か」。アザーは「こういう行為を許してはいけないという声が社会の大多数になれば、変わる」と答えている。

ＢＢＣの番組が日本の芸能界のタブーを破った。変化が確かに起きたのである。

偽情報を「検証する」――ロシアとウクライナのはざまで

２０２３年５月３日未明、２機の無人飛行機（ドローン）がモスクワのロシア大統領府に向かって突進し、爆破する様子を映し出す動画がソーシャル・メディア上に出回った。この動画は本物か、偽物か。ロシアに対する攻撃なのか、それとも別の意図があったのか？

ネット上には膨大な量の動画が公開され、その真偽を証明するのは簡単ではない。「ＢＢＣが検証した動画だから、これは真実だ（あるいは偽物だ）」と言うだけではもはや通用しなくなってきた。ＢＢＣニュース部門のＣＥＯデボラ・ターネスは「どうやって真偽を確認したのかを視聴者に開示するべき」と思うようになった。

そこで、５月末、「検証する（Verify）」と名付けられた専門部署を放送センター内に設けた。ＢＢＣ内から調査報道のジャーナリスト、特定の分野の専門家、情報の分析を担当する編集者、偽情報担当記者など約60人を集めた。それぞれが専門知識を動員し、公開されている情報を収集・分析する手法「オープン・ソース・インテリジェンス＝ＯＳＩＮＴ（オシント）」も活用しながら事実を確認し、動画を検証し、データを分析する。分析の基になった情報を視聴者と共有し、信頼感を得ることを狙った。

先の動画についてロシア政府は、ウクライナがドローン攻撃でプーチン露大統領を暗殺しようとしたと非難したが、ウクライナは関与を否定した。「検証する」のコーナーでＢＢＣの担当記者は、どのようにドローン攻撃を確認したのか、ソーシャル・メディア上の動画はどこから入手されたのか、その信ぴょう性をどう判断するのかを説明した。次にモスクワ特派員が、ロシアではドローン攻撃がどのように報道されたのかを各紙の扱いを比較しながら紹介した。

ロシアの自作自演による攻撃だったのか、あるいはウクライナの作戦だったのか。真実は未だ判明していないが、少なくとも視聴者はＢＢＣがどのように判断したのかを知っている。「説明責任」や「情報開示」はＢＢＣが権力者にだけ求めるものではなく、自分達自身にも課すのである。

性加害、またしても？

7月7日、保守系大衆紙『サン』がＢＢＣに「爆弾」を落とした。ＢＢＣの著名男性司会者が性的に露骨な写真を未成年に要求し、3年間で合計3万5０００ポンドを支払ったと報道したのである。この時20歳の若者は当初は17歳の未成年だった。未成年者のわいせつな写真を撮影する・所有する行為は刑法違反だ。数百人もの児童、若い女性などに性加害を行ったジミー・サヴィルの例をほうふつとさせ、ＢＢＣはパニック状態に陥った。

若者の母親が『サン』紙に語ったところによると、若者は司会者から得た金銭を高純度の麻薬クラック・コカインの購入に使い、常習者になったという。母親はこのままでは子供が「死んでしまう」と懸念した。8日付の同紙では、自宅で下着姿になった司会者が若者を待ち構えている写真の存在が報じられた。去る5月、母親は懸念をＢＢＣに伝えたが、その後も司会者が番組に登場し続けたことで対応に不満を抱き、『サン』に情報を提供した。

『サン』もＢＢＣも司会者の名前を特定しなかったため、ネット上で様々な名前が飛び交った。ＢＢＣの複数の著名司会者たちが「自分ではない」とソーシャル・メディアで宣言せざるを得なくなった。９日、ＢＢＣはこの司会者の出演を停止し、警視庁に連絡を取ったことを発表した。通常の業務シフトから姿を消した「著名男性司会者」というと、数が限られる。ＢＢＣ職員の間では特定の人物がこの司会者だと分かる人も出てきた。

10日、事態は意外な方向に進んだ。若者の弁護士がＢＢＣに手紙を送り、『サン』の報道には信ぴょう性がないと伝えたのである。若者は７日時点で母親の話は事実ではないと『サン』にメッセージ・アプリで連絡したが、『サン』はこの主張を報道しなかった。11日、警視庁が捜査を開始し、ＢＢＣは内部調査を一旦停止した。同日、別の20代の若者がデート・アプリでこの司会者と知り合い、関係を公にしようとしたところ、司会者に脅されたとＢＢＣが報道した。

自局の問題をタブー視せず、経営陣への取材も含めて積極的に報道したＢＢＣだが、定時ニュースやウェブサイトがこの事件でほぼ一色となり、「やり過ぎでは」という批判が出るようになった。また、最初の苦情受付時から７月までに、ＢＢＣは母親側に電話を一度かけ、電子メールでも問い合わせをしたがいずれも返答がなかったためにこの案件を保留状態にしていたことも分かってきた。

「著名人だから」という免罪符

経営陣が事態を知ったのは7月6日、『サン』が報道前にBBCに連絡を取った時だった。BBCが該当する司会者に疑惑について声をかけたのもこの日だった。BBCは司会者の名前を公表しなかった。ディレクター・ジェネラルのデイビーは、「個人のプライバシーの尊重」をその理由とした。『サン』やほかのメディアも個人名を特定しなかったのは、プライバシー保護や名誉毀損に関わる法律が厳格であることが理由と言われている。

12日、司会者の妻が声明文を発表し、夫ヒュー・エドワーズがこの司会者であると公表した。エドワーズはBBCの著名司会者の中でもトップランクに入る。テレビの主要ニュース番組、総選挙特別番組、王室関連報道など重厚な番組の司会者として知られる。前年9月、エリザベス女王死去の第一報を報じたのもエドワーズだった。

妻の声明文によると、エドワーズは「重大な精神疾患」を患い、入院中だという。回復次第、本人が事情を説明する。警視庁が「犯罪が発生した証拠はない」と発表したことを受けて、BBCは内部調査を再開させた。

18日、上院通信委員会の公聴会に召喚されたデイビーは、調査結果が出るまでには「数カ月かかる」と述べている。24日、下院の文化・メディア・スポーツ委員会はＢＢＣ理事長代行と『サン』編集長のそれぞれに書簡を送り、ＢＢＣには苦情受付体制が効率的に機能しているかどうか、『サン』編集長には報道の事実検証方針、特にプライバシー保護との兼ね合いについて、また今回の事件についてはどのような検証をしたのかについて説明を求めた。

ポッドキャスト『ニューズ・エージェンツ』（7月13日配信分）にゲストとして出演した『サン』の元編集長デービッド・イエランドは、今回の『サン』の報道の目的はＢＢＣの評判に損害を与えることだったと分析した。「（『サン』や高級紙『タイムズ』などを発行するニュースＵＫ社が）ＢＢＣに戦争を仕掛けていることをＢＢＣは自覚するべきだ」。

9月に入って、以前にＢＢＣラジオの人気司会者だったラッセル・ブランドが複数の女性に性的暴力を働いたとする報道が出た。日曜紙『サンデー・タイムズ』、『タイムズ』、テレビ局チャンネル4による共同取材だ。

取材チームは、特別番組や複数の記事で犠牲となった女性たちの告白を伝えた。ブランドは２００６年から２００８年、ＢＢＣでラジオ番組の司会者だった。彼は毒舌、ジョーク、女性好きで知られ、大衆紙『サン』は２００６年からの3年間、「今年、一番女性とやった男性」として選出していたほどだ。ブランド自身は疑惑を否定し、「すべてが相手と合意済みの行為である」と述べている。

「著名人である」「人気がある」ということで、放言や加害行為が許されるという状況があったのではないか。故・人気司会者サヴィルによる性加害事件が明るみに出てから約10年。ＢＢＣは十分な教訓を得ていないのではないかと思わせた。

２０２４年４月、ＢＢＣはエドワーズが退社したと発表した。退職金は支払われなかったという。辞職によって真相解明は棚上げになった格好だ。『サン』紙の報道内容はどこまで事実だったのか。いずれにせよ、ＢＢＣの名誉に傷がついたことは否定できない。

ハマスは「テロリスト」なのか

エドワーズやブランドによる性加害疑惑がひとまず沈静化してきた２０２３年初秋、ＢＢＣは新たな論争に巻き込まれた。こんどは、ＢＢＣがこれまでに何度も直面した、紛争報道での立ち位置が俎上に上がった。

10月7日、パレスチナ自治区であるガザ地区を実効支配するイスラム組織「ハマス」がイスラエルに向けて大量のロケット弾を放ち、イスラエル領内に侵入して襲撃を開始したのである。報復措置としてイスラエルは大規模な空爆を行い、双方の攻撃による死者数は１週間余りで数千人に達した。ハマスはイスラエルの領内から２００人を超える人質も拘束した。「これはイスラエルにとっての９・11だ」。イスラエル側が米国で起きた同時多発テロになぞらえて語った言葉である。衝撃の大きさが伝わってくる。

ＢＢＣを含む英国のメディアは、攻撃による破壊や目を覆うような住民への被害を刻々と伝えた。英国では自分の家族や友人・知人がハマスに拘束された、あるいは攻撃されて亡くなったという経験を持つ人が少なくなく、切実さが募った。

パレスチナは、１９４８年のイスラエル建国とその後の中東戦争を経て、ヨルダン川西岸地区とガザ地区とに分断されている。イスラエルはガザ地区の領空・領海を支配し、約２００万人の住民が実質的占領下にあった。

今回の紛争では、イスラエルがガザ地区を空爆することを国家の自衛権の行使として支持するのか、あるいはハマスの奇襲攻撃による破壊や殺害に一定の理解を示すのか、あるいは支持しなくても人道上の理由から停戦を求めるのか、どれほどの期間の停戦なのか。国民の意見は千々に分かれた。

ＢＢＣが批判にさらされたのは、英国、日本を含め世界各国の政府が「テロ組織」と定義するハマスを、自らはテロ組織と呼ばないと決めたからだった。「ＢＢＣは倫理基準を導入するべきだ」とシャップス国防相は述べた。「（イスラエルとハマスが）同等の地位にあって、２つの視点があると報道するとは恥ずかしいことではないか」「（ハマスは）無実の人や赤ん坊、年金生活者を殺害した。自由のために闘う戦士ではなく、戦闘員でもない。テロリストだ」。最大野党労働党のキア・スターマー党首もＢＢＣを批判した。「私たちが今目撃しているのは、テロであり、ハマスはテロリストだ」。

ＢＢＣは国際報道のベテラン、ジョン・シンプソン記者に、なぜＢＢＣがハマスをテロリストと呼ばないのかをＸやニュースサイト上で説明させた。シンプソンによれば、これは開局当時からの伝統による。「『テロリズム』は含みのある言葉だ。倫理面から非難する意味合いが出る。誰を信じるべきかあるいは非難するべきかを視聴者に教えるのは、ＢＢＣの仕事ではない」。

ＢＢＣの編集規則によると、「テロリスト」という言葉は状況の「理解を妨げる可能性がある」。視聴者には「結果として何が起きたのかを伝える」ことに主眼を置く。「ほかの人が使った言葉をＢＢＣの言葉として採用しない。私たちの使命は客観的であり続けること、誰が何を誰に対して行ったのかについて視聴者が自分自身で理解するようにさせることだ」。

実際の放送では、ＢＢＣは世界各国の政府がハマスをテロ組織と定義していると説明し、取材対象者や出演者がハマスをテロ組織と呼んだ場合はこれを修正しない。ただ、自分たちの声でハマスをテロ組織とは呼ばない。「テロ組織」という言葉を使わなくても、視聴者はハマスによる破壊の惨状を目にしている。視聴者が自分なりの結論を出すようにする。

ハマスをテロリストと呼ばないのはＢＢＣばかりではない。ほかの放送局やロイター通信なども「政府がテロリストと定義する『ハマス』」と表現しているが、公共サービス放送最大手で、海外からの信頼度も高いＢＢＣの一挙一動は特に注目されがちで、政治家も批判の矛先を向けやすい。

国民の心情は大きく揺れた。今回の紛争によって犠牲になった人々の壮絶な光景が茶の間に飛び込んでくる。心を動かされない人はいない。このような時に不偏不党の立ち位置から報道を続けていてよいのだろうか？　ＥＵ離脱の是非を問う国民投票時のように、中立を維持することで「真実を逃す」ことはないのか？

その答えや評価は誰に聞くかによって、変わりそうだ。ただ、国際放送ＢＢＣワールドサービスも含め、世界中にリスナー及び視聴者を持つＢＢＣは紛争の特定の側に与するのではなく、できうる限り不偏不党の立場から報道を続けてきた歴史を持ち、世界的にも高い評価を受けてきた。国内の主要放送局ＩＴＶ、チャンネル４、チャンネル５、衛星放送スカイもニュース報道においてはＢＢＣの不偏不党を踏襲してきた。これからもＢＢＣはこの原則を維持し続けるだろう。

民放畑の経験が長く、放送通信庁オフコムの理事も務めたスティーブン・パービスは「ＢＢＣが当初、ハマスを『戦闘員（ミリタント）』と呼んだのは間違いだった」という。10月７日の残虐行為を実行した組織の表現としては似つかわしくないと思ったからだ。しかし、「全体を通してみると、ＢＢＣは不偏不党を維持していると思う。評価したい」。

受信料とサブスクリプションのこれから

２０２３年12月７日、翌年からのＢＢＣの放送受信料の値上げ率が発表された。国内の活動の運営費を賄う受信料収入の値上げ率は、毎回、所轄の省とＢＢＣとの交渉によって決まる。２０２１年４月から導入された年間１５９ポンド（２０２４年３月時点の計算で約３万２１０円）は、２０２２年も２０２３年も凍結され、ＢＢＣは厳しい状態に置かれてきた。

２０２４年度からはインフレ率と連動させることが以前から決まっており、ＢＢＣは過去１年間のインフレ率の平均に匹敵する９％の値上げを予期していたが、ルーシー・フレイザー文化相は２０２３年9月のインフレ率６・７％を基にして、受信料の値上げ率を６・６％に決定した。年間１６９・50ポンドである。15ポンドの予想値上げ分が実際には10・50ポンドになってしまったことで、ＢＢＣの計算ではその予算に９０００万ポンドの穴が開く。「生活費高騰の今、15ポンドの値上げなど、考えられない」（文化相）。

同じ日、政府はＢＢＣの受信料制度の見直しを始めると発表した。動画コンテンツの消費環境が大きく変容する中、現在そして将来にフィットする最適の資金繰り方法を見つける。現在の王立憲章の有効期間である２０２７年までは現行の受信料制度が継続するため、その後の話だ。業界関係者、専門家など識者の意見を参考にして、２０２４年秋までに調査結果を発表するが、一般市民からの意見公募は行わない。王立憲章が２０２８年に更新される過程で、ＢＢＣの将来について広く意見を募る機会を設ける予定だからだ。

ＢＢＣのこれまでを振り返れば、「受信料制度の見直し」には「廃止」も想定され、ＢＢＣの安定した活動を脅かす動きという認識があった。１９８０年代、サッチャー保守党政権がピーコック委員会にＢＢＣの資金繰りについて調査を依頼した時、サッチャー首相はＢＢＣの民営化を願っていたと言われている。ＢＢＣのサービスを利用した人だけがＢＢＣに契約料を払う形を提唱するメディア専門家も少なくなかった。この「サブスクリプション制」

は任意での参加となるため、収入が大きく減少すると言われ、BBC擁護者は反対してきた。

しかし、今や「いつでも、どこでも、好みのデバイスで、幅広い種類のコンテンツを視聴」することが基本となった。放送業をBBCが独占していた時代に設定された受信料制度を再考する時代が到来した。

2028年以降の英放送・配信業界で、「みんなの」BBCはどのように収入を得るべきなのか。同様の受信料制度を採用している日本のNHKにとっては、BBCの資金繰りについての議論は将来の青写真となりそうだ。

多様性時代の新理事長

2023年末、BBCの新理事長候補として浮上したのが、英テレビ界で約40年のキャリアを持つサミル・シャーである。1952年にインドで生まれたシャーは、8歳の時に両親とともに英国に移住した。オックスフォード大で人類学及び地理学の博士号を取ると、ITV系民放で働き出し、1980年代から1990年代はBBCテレビで時事番組や政治番組を担当した。

1998年からは番組制作会社ジュニパーTVの最高経営責任者（CEO）兼クリエイテ

イブ・ディレクターとして、英国の主要放送局や米テレビ局、ネットフリックスなどに番組を提供した。２０１９年にはテレビ界への貢献によって大英勲章第3位を受けている。人種やジェンダーなどの多様性を推進するＢＢＣにとって、シャーがインド系であることに加え、ＢＢＣと民放での経験や制作現場での知識が豊富であることも心強い人選だった。

翌２０２４年春、シャーの理事長就任が決定した。３月４日の就任初日、シャーは理事長としての最も重要な責務として「ＢＢＣの独立性を守ること」をあげた。メディア環境が激変する中で、「ＢＢＣが国民にとってかかわりがあり、すべての人がアクセスできる存在であり続けるようにしたい」。

ＢＢＣが伝えてきたこと

本書では、１９２０年代に誕生したＢＢＣのこれまでをたどってきた。

改めて、「ＢＢＣが伝えてきたことは何か」を考えてみると、主軸にあるのは初代ディレクター・ジェネラル、ジョン・リースがＢＢＣの目的として定義した「情報を与える、教育する、楽しませる」に尽きるのではないだろうか。

ＢＢＣの元政治部長ニック・ロビンソンは、組織の誕生から1世紀を機に出版された『放送の英国――ＢＢＣの１００年』の前書きでこう書いている。「ＢＢＣは間違えることもある。しかし、欠点はあるけれども、ＢＢＣもその職員も富裕層、権力者、有力者が支持する特定の政党、理念、信仰を宣伝するのではなく、リースの崇高な大志を実現するために奮闘している」。

しかし、高邁なミッションだけでＢＢＣと国民がつながってきたわけではない。ＢＢＣが視聴者の心に響くのはお気に入りの司会者、番組、口ずさむ歌、国民が一体化して時を共有した時の喜びがあるからだ。ロビンソンは家族でコメディ番組を見ながら笑い過ぎて父が泣いていたことを思い出す。サッカーの解説番組『マッチ・オブ・ザ・デー』のテーマ曲が流れただけで心が躍った。テニスのウィンブルドンの試合を家族でテレビ観戦するためにそれぞれの晩御飯を載せたお盆を持ってテレビの前のソファーに座った時の楽しさ、そして刻一刻と動く政治や世界の動きをテレビやラジオのニュース番組で追っていく時の緊迫感は今も忘れられない。ロビンソン自身は今、ラジオ放送ＢＢＣ４の朝の報道番組『トゥデー』の司会者として、ニュースを伝える側に回っている。

民間企業だったＢＢＣはまもなくして公共サービスとして発展し、その独占体制が１９５０年代半ばまで続いた。英国の主要放送局はいずれも「公共サービス放送」と言う枠組みに入り、「放送＝公益のために存在するもの」という認識が社会に根を下ろしている。

さて、これからの公共サービス放送、そしてその最大手ＢＢＣはどのように存在していくべきなのか。現行の受信料制度は維持できるのか。

公共の未来

２０２２年4月発表の放送白書の中で、政府は英国の公共サービス放送をクリエイティブ経済の「脈動する心臓」に喩えた。クリエイティブ経済とはアートやメディアなど創造的価値を生み出す産業のことだ。白書の中で、政府はＢＢＣを含む主要放送局を国策として重要視する姿勢を明確にした。約１００年前に英国で放送業が始まった時から、政府が国内資本によるサービスを中核に置く点は今も変わっていない。

インターネットにつながったテレビをつけると、視聴できる動画・サービス数は選択に困るほど多い。テレビ局が制作するコンテンツ以外に無料動画サービスではユーチューブ、そしてサブスクリプションを払えばネットフリックス、アマゾン・プライム・ビデオ、アップルティーヴィー、パラマウントプラスなどが利用できる。公共サービス放送、その最大手としてのＢＢＣを維持する意義はあるのだろうか。

ＢＢＣラジオ４の編集責任者を長く務めたマーク・ダマザーによれば、「放送受信料を払うことによって、ＢＢＣは『私たちの』ＢＢＣになる。政府のものでも、文化大臣のものでもない。私たちはＢＢＣを視聴し、ＢＢＣは私たちが受信料を払っただけのことはあると思わせる番組を作ろうとする」。一人ひとりがＢＢＣと関係性を築くことになる。

ダマザーは、「強い公共サービス放送が存在すること」が英国のメディア界と米国との違いではないかと指摘する。英国民がニュースに接する時、公共サービス放送が最大の入り口となる。主要放送局によるニュース報道には不偏不党遵守が義務化されている。その一方で、不偏不党性を要求されない新聞界は思い思いの政治的主張を自由に報道している。「主張の中には自分が賛同できないものもあるけれど、公共サービス放送が中心に置かれていることが英国の民主主義や公的空間での生活に非常に重要な役目を果たしているのだと思う」。

１９２０年、世界で初めて商業放送が誕生した米国では、１９４９年、連邦通信委員会が放送の公平性を保つために地上波放送を対象に「フェアネス・ドクトリン（公平原則）」の指針を制定した。その後、ケーブルテレビの普及やメディアの多様性などを背景に、１９８７年、廃止された。『現代アメリカ政治とメディア』の執筆者の一人、山脇岳志氏は、米国の世論の分極化や極端な放送が出てきた一因としてフェアネス・ドクトリンの廃止を挙げている。

放送の未来

メディア消費の選択肢が増え、「家族揃って、テレビの前に座って同じ番組を見る」習慣は消えつつある。

選択肢が多いからこそ、公的資金つまり現行では受信料収入によって放送市場を支えることが必要なのではないか。ロイター・ジャーナリズム研究所の上級研究員デービッド・レヴィーはそう考えるという。市場競争に任せてしまうのではなく、公的資金によって「市場介入」し、英国製のコンテンツで「規模の経済」に対抗する。そうしないと、GDPで言えば「中程度の国」となった英国で、しかも母語の英語が国際語になってしまったことでより強力な競争にさらされる逆境に陥ったBBCが、世界中から高い評価を受ける「充実した番組を制作し、無料で放送・配信できる状況を維持できないと思う」。

では、受信料制度の代わりになるものは何か？　これまでの議論で出てきたのは、まず①国の税金でカバーする。税率は時の政府が決めることになり、これまで同様かそれ以上にBBCに入る収入に政治的干渉が起きやすいといわれる。②はネットフリックスのようなサブスクリプション制の導入だが、貧富の差によって契約する家庭とできない家庭に分かれることが予想され、あまねく同様のサービスを提供できなくなる。③は折衷型で、ニュースや事実を基にする番組を定額で提供し、娯楽、スポーツ番組などはサブスクリプション制にする。これも同様のサービスをすべての家庭に提供するという原則が崩れてしまう。

または④広告収入で賄う。これは英国の放送業発祥時からＢＢＣには否定されてきた選択肢だ。放送業の目的をお金儲けのみにしてはいけないという考えによるが、複数の民放が発達した現在、広告主が最大手ＢＢＣに流れるのは必至であるため「民業圧迫」という理由で他の放送局が反対するだろう。

放送通信庁（オフコム）のマイケル・グレード理事長は「個人的な意見」として、ＢＢＣを広告収入のみで運営することには反対だという。「利益を上げることが最優先されれば、実験的な番組作りにブレーキがかかる」からだ。安定した受信料収入を持つＢＢＣは「もっともっと野心的な、リスクが高い番組作りをするべきだ」。グレードは２０００年代初頭、ＢＢＣ理事会のトップだった経歴を持つ。

受信料については、グレードは兼ねて「逆進税だ」と批判してきた。所得金額にかかわらず、各視聴世帯は同一の金額を払うため、所得の高い層ほど負担が軽くなるからだ。「あなた自身はもっと高い金額を払ってもいいと思っているか」とＢＢＣの記者に聞かれ、グレードは「構わない」と答えている。

公共放送だからこそできること

２０２４年の年明け早々、民放ＩＴＶが英国最大の冤罪事件と言われる郵便局のＩＴスキャンダルをドラマ化して放送すると、英国内はこの話題で持ちきりとなった。見逃した人はオンデマンド・サービス「ＩＴＶＸ」で視聴し、総視聴者数は１週間で１０００万人近くに達した。

事件の発端は１９９０年代末、全国に広がる郵便局網に窓口業務の電子化のための「ホライゾン」と呼ばれるコンピューターが設置されたことだった。システムは富士通の子会社が開発したものである。各郵便局の「サブ・ポストマスター」と呼ばれる管理者がこれを使ったが、会計残高の不一致が発生するようになり、管理者は当初自腹を切って不足額を補填し、家を担保にしてまでお金を工面した。２０１５年までに９００人以上のサブ・ポストマスターが窃盗、会計ミス、詐欺などの罪で訴追された。実刑判決を受けた人もいた。

潔白を証明するため、元サブ・ポストマスターのアラン・ベイツほか、同様の境遇にいた人々が裁判所に訴えた。２０１９年12月、高等法院はホライゾン・システムの不具合が会計の不一致を生じさせたと結論付け、郵便局側に賠償金の支払いを命じた。しかし、有罪判決が覆った人はほんの一部で賠償金の支払いも遅々として進まなかった。

ＩＴ専門誌『コンピューター・ウィークリー』が２００９年に初めて報道し、新聞各紙やＢＢＣ、政治週刊誌『プライベート・アイ』などが続いたが、ＩＴＶがドラマを放送するまで、この事件は国民的な話題にはならなかった。

２０２４年１月に『ミスター・ベイツ対郵便局』（全４話）が放送されると、ロンドン警視庁は新たに50人から被害報告を受けたと発表し、１００万人を超える人々が郵便局の元ＣＥＯの大英勲章第３位（ＣＢＥ）返上を求めてオンライン署名をした。これを受けて、元ＣＥＯはＣＢＥを返上することになる。２０２０年に政府が設置した独立調査委員会の質疑応答がテレビで生中継されるようになり、スナク首相は有罪とされたサブ・ポストマスターを一括無罪にする法律の制定を発表した。

テレビドラマは事件の経緯を追うだけではなく、人々の心情を深いところまで描き出す。視聴者の心は大きく突き動かされた。番組がその時限りの放送だったり、ＩＴＶのオンデマンド・サービスがサブスクリプションを払った人だけが利用できるのであったりすれば、ここまで大きな社会現象にはならなかっただろう。オンデマンド時代、ソーシャル・メディア時代であるからこそのドラマであり、あっという間の波及だった。

『プライベート・アイ』のイアン・ヒスロップ編集長は、１９６０年代にＢＢＣが放送した、若く貧しいカップルが主人公となったドラマ『キャシー・カム・ホーム』がホームレスの問題を切実に伝え、国民的議論が発生した時のような大きなインパクトが今回のＩＴＶのドラマにはあったと指摘する。しかし、十数年にわたるジャーナリストたちの手による事実発掘の努力がなければ、「今回のドラマは存在しなかっただろう」。被害者を組織化したベイツの粘り強さを「ジャーナリストたちも持っていた」。ジャーナリズムとは、あきらめずに「何度も何度も報道していくこと。まだやっているの、と言われても続けていく。『何か』が起きるまで、やっていくことだ」。

ＢＢＣラジオの朝の番組の司会者だったニック・ワリスは被害者の家族からネタを持ち込まれ、10年以上取材を続けてきた。調査報道番組『パノラマ』で放送されたドキュメンタリーやポッドキャスト・シリーズを作り、詳細を綴った本も出版した。裁判の様子を集中して傍聴するため、フリーランス契約のワリスは一定期間仕事を休まざるを得ず、クラウドファンディングで生活費を募った。ＢＢＣで最初にこの事件を報道すると、郵便局側からワリスの上司や編集幹部に対し、取り上げないように仕向けるための大きな圧力がかかった。圧力はその後も続いたが、BBCは放送を止めなかった。

ドラマ『ミスター・ベイツ対郵便局』は1950年代半ばからのBBCのライバル、ITVによる快挙だった。しかし、その裏にはワリスを始めとするジャーナリストたち、そして正義を求めて立ち上がった人々の努力があった。「こんなことがあってはならない」という思いが国を一つにした。

BBCも負けてはいられない。視聴世帯から受信料をもらいながら、英国社会にとって重要なテーマを、視聴者をワクワクドキドキさせ、笑わせ、時には涙させ、時には知的に刺激するような番組として制作し、放送・配信していく必要がある。将来、どのような資金繰りになろうとも、「公共サービス」という看板を下ろさない限り、BBCはすべての社会の構成員のために情報を提供し、学びの機会を作り、かつ楽しませ続けてくれるだろう。英国内外の視聴者もそれを期待している。

おわりに

最後に、ＢＢＣの現況を簡単に俯瞰してみたい。

最新の年次報告書（２０２３年７月発表）によると、組織としてのＢＢＣは、①「公共サービス放送（ＰＳＢ）」（いわゆる「公共放送」）グループと、②商業活動グループの２つに大きく分かれている。

①の公共サービス部門の運営費は主として受信料収入で賄われ、国内の放送・配信業務を行う。②の商業活動は番組の制作・配信・輸出を手掛ける「ＢＢＣスタジオ」が担当し、ＢＢＣの番組や放送権利などを海外市場で販売する。ＢＢＣスタジオからの収入の一部が公共放送の番組制作に投入される。

２０２３年３月31日時点での年間事業収入は受信料収入37億４０００万ポンド（総収入の65％）、商業活動や交付金などからの収入19億８５００万ポンド。合わせると総額57億２５００万ポンドに上る。これは日本円に換算すると、約１兆８７７億５０００万円となる（２

024年3月時点）。単純比較はできないが、英国の2倍の人口を持つ日本では、NHKの2022年度の事業収入は6965億円だ。国際放送BBCワールドサービスの運営資金の一部は政府交付金（9800万ポンド）から拠出されている。

見習いを含む職員数は、公共放送グループが約1万7000人、商業グループが約3800人で合計約2万1000人。前年とほぼ同数である。職員の中で女性が占める割合は、全職員では50％、管理職では49％。男女半々の達成まで、後一歩だ。

商業活動からの収入は大幅に増えたものの、公共放送部門は財政的に厳しい。政府との交渉で決まる受信料は、2023年4月から2024年3月までの1年間では159ポンド（カラーテレビ）で、2021年からこの金額で凍結状態だった。2024年4月以降の4年間は消費者物価指数と紐付けられ、4月からは169・50ポンドに上昇した。2008年の世界金融危機を受けて、政府は緊縮財政を敷き、BBCを含む公的サービスの予算は削減を強いられてきた。ディレクター・ジェネラル、ティム・デイビーによると、「2010年以降の10年間で、BBCの予算は実質30％減額となった」。

デイビーが掲げる経営の優先事項は、①不偏不党、信頼性を維持する、②すべてのジャンルで優れたコンテンツを提供する、③より付加価値の高いオンラインサービスを提供する、

④商業収入を増大させること、である。

③に入るのが、動画オンデマンド・サービスの「ＢＢＣアイプレイヤー」だ。再生申請数は年間73億回を超え、前年比11％増。その音声版の「ＢＢＣサウンズ」（ラジオ及びポッドキャスト）は16億４０００万回再生され、前年比７％増。アイプレイヤーを使ってライブ視聴する人は21％だが、自分の都合に合わせた時間に視聴する人は79％に上る。

ＢＢＣの存立を規定する王立憲章は２０２７年12月末で期限切れとなり、視聴世帯から同額を徴収する受信料制度は２０２７年度（２０２７年４月から２０２８年３月）までは続く。ただし、２０２８年度以降どうなるかは未定だ。

世界各国の放送業の成り立ちと発展は、その国の文化や歴史を反映している。約１００年前の発足時から、ＢＢＣは「公共のためのサービス（public service）」として存在し、不偏不党を維持しながら、独自のアウトプットによって「すべての視聴者に仕える」ことを最優先してきた。当初はＢＢＣが放送市場を独占し、後の主要放送局もこの枠に入るようになると、「放送」といえば「公共サービス」という概念がしっかりと英国社会に根を下ろした。「公共のためのサービス」という時、「公共（public）」はその地域、コミュニティ、国などを構成する人々を指すが、そこには共有する価値観、考え方、ニーズ、認識が存在することを想定している。

しかし、昨今は「フェイクニュース」や「もう一つの事実」といった概念が広がってきた。「事実とＡＩによる『事実』の区別がつかない」状況が生じる中、「これがニュースだ」「これは事実だ」というレベルでの認識さえ共有しにくい時代に私たちは生きている。

こうした現状では、「公共サービスとしての放送・配信」はもう時代遅れの存在なのだろうか？　共通の価値観を持とうとする試みは無駄なことなのだろうか？

筆者は、「公共サービスとしての放送・配信」を廃れてゆくものとして扱うのは早すぎるように思っている。社会が一人ひとりの信条や事実認識、選択肢の拡大によって分断化する方向に向かっていても、そうだからこそ、自分も構成員である社会全体を益するために悪いところを直したり、良いアイデアを形にしたり、互いの悲しみや悩み、怒りや喜びを共有するための試みを続けることは面白いことなのではないだろうか。放送・配信メディアを公的サービスと見なすこと、これ自体が一つの選択である。漫然と公的サービスを続けるのではなく、能動的な関わりである。

本書の執筆にはたくさんの方にお世話になりました。翻訳家江口泰子さん、光文社新書編集部・翻訳編集部の小都一郎さん、光文社新書編集部・編集長小松現さん、担当編集者江口裕太さん、ありがとうございました。ＢＢＣの放送通訳清水健さん、元ＢＢＣ欧州エディター William Horsley、ロイター・ジャーナリズム研究所の David Levy、元ＢＢＣ政治ジャーナリスト Nick Jones、英視聴者組織「Voice of the Listener & Viewer」創設者の故 Jocelyn Hay、ＮＨＫ放送文化研究所の中村美子さん、共同通信社論説委員の原真さんからは貴重なご意見や情報を頂きました。深く感謝します。

この本を手に取っていただいた読者の皆様、何らかの考えるヒントがありましたら、大変幸いです。

２０２４年初夏　ロンドンにて

小林恭子

ＢＢＣの基本情報

名称	英国放送協会（British Broadcasting Corporation）
設立	１９２２年、民間企業 British Broadcasting Company として発足。１９２７年に公共組織化
業務形態	公共サービス放送
存立の法律	王立憲章（１９２７年）、約10年ごとに更新
設立の目的	ＢＢＣのミッションを実現し、公的目的を振興する（王立憲章第４条）
ミッション	公益のために活動し、不偏不党、高品質、独自のアウトプットやサービスを通じてすべての視聴者に仕える（王立憲章第５条）
公的目的	①不偏不党のニュースや情報を提供する、②すべての年齢層の人の学びを支援する、③最もクリエイティブで、質が高く、独自のアウトプットとサービスを提供する、④英国全体の多様なコミュニティを反映させ、クリエイティブ経済を支える、⑤英国の文化、価値観を世界に示す

独立性	ＢＢＣはそのミッションの実現と公的目的の振興に関わる全ての事柄、特に編集上及びクリエイティブ上の決定、そのアウトプットやサービスがいつどのような形で提供されるか、組織自身の事柄において独立していなければならない（王立憲章第３条）
編集に関する規則	「ＢＢＣ編集ガイドライン」で規定
統治体制	ＢＢＣがそのミッションを達成し、公的目的を満たすよう戦略的方向性を決める「ＢＢＣ理事会」は10人の非執行理事（理事長を含む）と４人の執行理事（ディレクター・ジェネラルを含む）で構成される。日々の運営はサービス内容に最終責任を持つディレクター・ジェネラルを筆頭とする「執行理事会」による
職員数	２万１２７３人／内訳＝国内公共サービス１万７３７５人、BBC Studios ３７５２人、その他１４６人（２０２２年度）
業務内容	番組コンテンツの制作、放送、配信サービス他
運営の資金源	国内の活動は視聴世帯から徴収する放送受信免許料。ラジオは無料。テレビ放送はカラーが年間１６９・50ポンド、白黒が57ポンド。２０２７年度まで物価スライド制で、値上げ率は政府が決める。ＢＢＣアイプレイヤー利用時にも支払い義務が発生する。75歳以上の低額所得者がいる世帯は受信料の支払いが免除される

事業収入	事業収入57億２５００万ポンド。内訳は①国内公共サービス（受信料収入で賄う）37億４０００万ポンド、②商業活動（番組制作、販売他）19億８５００万ポンド（２０２２年度）
拠点	ブロードキャスティング・ハウス（ロンドン）、BBC North（サルフォード）、BBC Scotland（グラスゴー）他
関連団体	BBC Studios（番組制作・販売）、BBC Studioworks（リソース管理・販売）
テレビチャンネル（地上デジタル）	BBC One（主力チャンネル）、BBC Two（事実を基にした番組を中心とする主力チャンネル）、BBC Three（若者向け）、BBC Four（教養文化）、CBBC（就学児童向け）、CBeebies（幼児向け）、BBC News（ニュース専門）、BBC Parliament（議会報道）、BBC Alba（ゲール語）、BBC Scotland（スコットランド地方向け）他
ラジオチャンネル	BBC Radio 1（総合放送）、BBC Radio 1Xtra（15－29歳対象のヒップホップ、R＆B音楽他）、BBC Radio 2（全年齢対象の総合放送）、BBC Radio 3（文化とアート専門、クラシック音楽、ジャズ他）、BBC Radio 4（トーク専門チャンネル）、BBC Radio 4 Extra（トーク番組のアーカイブ）、BBC Radio 5 live（ニュースとスポーツ中継専門）、BBC Radio 5 live sports

	extra（スポーツの生中継専門）、BBC Radio 6 Music（ポピュラー音楽専門）、BBC Asian Network（アジア系リスナー対象）、複数の地方特化ラジオチャンネル他
デジタル・サービス	BBC ウェブサイト、BBC News（24時間ニュース専門サイト）BBC Sport（スポーツ専門サイト）、BBC Bitesize（教材提供サイト）、BBC Weather（天気予報のサイト）、CBBC and CBeebies online（児童向けサイト）、BBC iPlayer（動画コンテンツの同時・見逃し配信サービス）、BBC Sounds（音声コンテンツの同時・見逃し配信サービス、ポッドキャスト）
国際ニュース・サービス	英語を含む42言語で放送・配信されるＢＢＣワールド・サービスは、主として放送受信料収入で運営される。一方、商業収入を原資とするのがＢＢＣワールド・ニュースとニュース・サイトのBBC.com。ＢＢＣワールド・ニュースは英語のみのテレビ放送サービスで、英国外の２００カ国以上を対象とする
教育	BBC Education（教材も含め、教育に役立つ情報を提供するサービス）

参考：ＢＢＣウェブサイト「About the BBC」、年次報告書、『ＮＨＫデータブック 世界の放送2023』（ＮＨＫ放送文化研究所編）

The BBC: A People's History【David Hendy (Profile Books)】

第5章

Stumbling Over Truth: The Inside Story of the 'Sexed up' Dossier, Hutton and the BBC【Kevin Marsh (Biteback Publishing)】
In Plain Sight: The Life and Lies of Jimmy Savile【Dan Davies (Quercus Publishing)】
Greg Dyke:Inside Story【Greg Dyke (HarperCollins Publishers)】

第7章

『ブレグジット秘録』クレイグ・オリヴァー著、江口泰子訳（光文社）
『現代アメリカ政治とメディア』前嶋和弘・山脇岳志・津山恵子編著（東洋経済新報社）
『民間放送70年史』日本民間放送連盟編
Broadcasting Britain 100 Years of the BBC【Robert Seatter (Penguin Random House)】

第2章

This is the BBC: Entertaining the Nation, Speaking for Britain? 1922-2022【Simon J. Potter (Oxford University Press)】

BBC World Service Overseas Broadcasting, 1932-2018【Gordon Johnston, Emma Robertson (Palgrave Macmillan））

The Reith Diaries【Edited by Charles Stuart (HarperCollins Publishers)】

『第二次世界大戦②』W・S・チャーチル著、佐藤亮一訳（河出文庫）

第3章

The BBC: A People's History【David Hendy (Profile Books)】

The BBC and the Censorship of The War Game (1965)【James Chapman (Sage Journals)】

This is the BBC: Entertaning the Nation, Speaking for Britain? 1922-2022【Simon J. Potter (Oxford University Press)】

第4章

DG: The Memoirs of a British Broadcaster【Alasdair Milne (Hodder & Stoughton)】

Power Without Responsibility: Press, Broadcasting and the Internet in Britain Eighth edition【James Curran and Jean Seaton (Routledge)】

Pinkoes and Traitors: The BBC and the nation 1974-1987【Jean Seaton (Profile Boooks)】

Margaret Thatcher: The Authorized Biography: Volume One【Charles Moore (Penguin Books)】

'I Counted Them All Out and I Counted Them All Back' the Battle for the Falklands【Brian Hanrahan and Robert Fox (BBC Books)】

Armchair Nation: An intimate history of Britain in front of the TV【Joe Moran (Profile Books)】

Keep Talking : A Broadcasting Life【David Dimbleby (Hodder & Stoughton)】

The Media and Northern Ireland: Chapter 1 Closing Down the Airwaves: the Story of the Broadcasting Ban【Ed Moloney (Macmillan Academic and Professional) https://cain.ulster.ac.uk/othelem/media/moloney.htm#chap1】

主な参考文献

全体

History of the BBC【https://www.bbc.co.uk/historyofthebbc】

About the BBC【https://www.bbc.co.uk/aboutthebbc】

『NHK　データブック　世界の放送　2023』（NHK 放送文化研究所編）

『第二版　ＢＢＣイギリス放送協会　パブリック・サービス放送の伝統』蓑葉信弘（東信堂）

『公共放送ＢＢＣの研究』原麻里子・柴山哲也編著（ミネルヴァ書房）

『メディアの公共性　転換期における公共放送』大石裕・山腰修三・中村美子・田中孝宜編著（慶應義塾大学出版会）

Broadcasting Britain: 100 Years of the BBC【Robert Seatter (Penguin Random House)】

This is the BBC: Entertaining the Nation, Speaking for Britain? 1922-2022【Simon J. Potter (Oxford University Press)】

BBC World Service: Overseas Broadcasting, 1932-2018【Gordon Johnston, Emma Robertson (Palgrave Macmillan)】

The BBC: A People's History【David Hendy (Profile Books)】

『英国メディア史』小林恭子（中公選書）

第1章

The General Strike 1926: A New History【David Brandon (Pen & Sword Books)】

Sermons, Soap and Television【John Logie Baird (Royal Television Society)】

The History of Broadcasting in the United Kingdom Volume 1: the Birth of Broadcasting【Asa Briggs (Oxford University Press)】

Broadcasting from Within【C.A. Lewis (George Newens)https://www.bbceng.info/Books/bbc-first-year/Broadcasting%20From%20Within%20-%20C.%20A.%20Lewis.pdf】

The BBC: A People's History【David Hendy (Profile Books)】

小林恭子（こばやしぎんこ）

1958年生まれ。在英ジャーナリスト。1981年に成城大学文芸学部芸術学科（映画専攻）を卒業後、米投資銀行ファースト・ボストン（現クレディ・スイス）に勤務。読売新聞の英字日刊紙「デイリー・ヨミウリ」（現「ジャパン・ニューズ」）の記者・編集者を経て、2002年に渡英。英国や欧州諸国のメディア、政治経済、社会事情を雑誌やニュースサイトに寄稿している。著書に『英国メディア史』（中公選書）、『英国公文書の世界史』（中公新書ラクレ）などがある。

なぜBBCだけが伝《つた》えられるのか

民意《みんい》、戦争《せんそう》、王室《おうしつ》からジャニーズまで

2024年6月30日初版1刷発行

著　者 ── 小林恭子
発行者 ── 三宅貴久
装　幀 ── アラン・チャン
印刷所 ── 萩原印刷
製本所 ── ナショナル製本
発行所 ── 株式会社光文社
東京都文京区音羽1-16-6（〒112-8011）
https://www.kobunsha.com/
電　話 ── 編集部03(5395)8289　書籍販売部03(5395)8116
制作部03(5395)8125
メール ── sinsyo@kobunsha.com

　ISBN 978-4-334-10352-1

光文社新書

1314

ナショナリズムと政治意識

「右」「左」の思い込みを解く

中井遼

政治的な左右と結びつけられがちなナショナリズムの概念を政治学の知見と国際比較からとらえなおし、日本人の政治意識が世界においてどれだけ普遍的もしくは特殊なものであるか検討する。

978-4-334-10323-1

1315

電車で怒られた！

「社会の縮図」としての鉄道マナー史

田中大介

「バッグが当たってんだよ！」。時に些細なことで殺伐とする電車内。なぜ人は電車でイラついてしまうのか？「車内の空気」の変遷を丹念にたどり、その先にある社会までを見通す一冊。

978-4-334-10351-4

1316

なぜBBCだけが伝えられるのか

民意、戦争、王室からジャニーズまで

小林恭子

大戦による「危機」、政権からの「圧力」、そして王室との「確執」まで——。報道と放送の自由のために、メディアは何と向き合ってきたのか？ 在英ジャーナリストと辿る「BBCの一〇〇年」。

978-4-334-10352-1

1317

「ふつうの暮らし」を美学する

家から考える「日常美学」入門

青田麻未

家の中の日常に「美」はあるか？ 椅子、掃除、料理、地元、ルーティーンを例に、若手美学者が冴えわたる感性で切り込む。「美学」の中でも新しい学問領域、「日常美学」初の入門書。

978-4-334-10353-8

1318

フランス　26の街の物語

池上英洋

フランスの魅力は豊かな個性をもつそれぞれの街にある——。美術史家が、人、芸術、歴史、世界遺産の観点から厳選した26の街を訪ね歩き、この国がもつ重層性と多面性を、新視点で綴る。

978-4-334-10354-5